Rajendra Chaudhari

Ferroin - um reagente adequado e sensível para a estimativa de boro no solo

Rajendra Chaudhari

Ferroin - um reagente adequado e sensível para a estimativa de boro no solo

ScienciaScripts

Imprint

Any brand names and product names mentioned in this book are subject to trademark, brand or patent protection and are trademarks or registered trademarks of their respective holders. The use of brand names, product names, common names, trade names, product descriptions etc. even without a particular marking in this work is in no way to be construed to mean that such names may be regarded as unrestricted in respect of trademark and brand protection legislation and could thus be used by anyone.

Cover image: www.ingimage.com

This book is a translation from the original published under ISBN 978-620-2-00411-4.

Publisher:
Sciencia Scripts
is a trademark of
Dodo Books Indian Ocean Ltd. and OmniScriptum S.R.L publishing group

120 High Road, East Finchley, London, N2 9ED, United Kingdom
Str. Armeneasca 28/1, office 1, Chisinau MD-2012, Republic of Moldova, Europe
Printed at: see last page
ISBN: 978-620-7-74304-9

Índice:

FERROÍNA, UM REAGENTE ADEQUADO E SENSÍVEL PARA A DETERMINAÇÃO ESPECTROFOTOMÉTRICA DE ROTINA DO BORO NOS SOLOS

Por -Rajendra Chaudhari

RECONHECIMENTO

Os meus sinceros agradecimentos são devidos ao meu orientador, Dr. M. R. Patil, pela sua orientação inestimável, pelo seu encorajamento constante e pelo seu interesse constante durante o curso da investigação e na conclusão desta tese. Reconheço com gratidão a cooperação e o encorajamento incessantes recebidos de Sunetra, Nikta e Tanwi e dos meus pais.

Rajendra A Chaudhari.

Capítulo I
INTRODUÇÃO

O SOLO é uma mistura complexa de elementos que permite o crescimento normal das plantas. As doenças nutricionais, tanto nas plantas como nos animais, acabaram por ser atribuídas a dois tipos, nomeadamente

1) As que se devem a uma deficiência de um ou mais oligoelementos.

2) Os devidos a um excesso de um ou mais oligoelementos.

Atualmente, é evidente que nenhum diagnóstico de fertilidade está completo sem uma análise dos oligoelementos. Enquanto um deles for deficiente, a cultura será incapaz de utilizar adequadamente os outros nutrientes, por mais liberais que sejam os fornecimentos destes últimos e por mais favorável que seja o ambiente. Uma relação de nutrientes ou uma alimentação agrícola pode ser tão gravemente desequilibrada pela falta de mais um vestígio de zinco ou boro como por uma deficiência de azoto ou potássio [1].

A função dos oligoelementos pode ser mais curativa do que nutritiva [2]. Embora mais de sessenta elementos tenham sido detectados na análise das plantas, a mera presença de um deles numa planta não prova que ele ajuda no desenvolvimento dessa planta ou que é indispensável para o crescimento da planta.

De acordo com Miller [3], os oligoelementos podem afetar o crescimento das plantas de uma ou talvez mais das seguintes formas

Eles -

- são constituintes dos tecidos vegetais;
- podem atuar como catalisadores ou estimulantes;
- podem afetar o processo de oxidação-redução nas plantas;
- pode ajudar a regular o teor de acidez das plantas;
- pode afetar a planta osmoticamente;
- pode afetar a entrada de outros elementos nas plantas ou
- pode favorecer o crescimento das plantas, proporcionando um ambiente mais favorável às suas raízes.

A Classificação dos Oligoelementos-

Os oligoelementos foram classificados em vários tipos, nomeadamente, se são essenciais ou não essenciais para a vida, se são tóxicos ou não tóxicos em caso de excesso, se são universalmente distribuídos ou de ocorrência casual, etc.

Com base no que precede, sabe-se que seis elementos são nutricionalmente essenciais para a vida humana e animal, nomeadamente o cobre, o zinco, o ferro, o manganês, o iodo e, em certa medida, o cobalto. Destes, os dois últimos não são essenciais para as plantas. Três outros elementos, como o boro, o molibdénio e o silício, são aparentemente essenciais para as plantas mas não para os animais, enquanto elementos como o selénio e o molibdénio não são venenosos para as plantas nem tóxicos para os animais.

Swine [4], classificou os oligoelementos em três grupos-

a) As que se revelaram importantes do ponto de vista agrícola, do ponto de vista da nutrição vegetal ou animal, ou de ambas,

b) Aqueles para os quais as análises de solos foram utilizadas como método de prospeção geoquímica, e

c) Os que não parecem ter qualquer importância prática, mas que foram determinados em muitos casos incidentalmente, durante a determinação de outros elementos.

Os elementos destes três grupos são

Necessário	Nocivo	Duvidoso
Boro	Arsénio	Bário
Cobalto	Crómio	Gálio
Cobre	Níquel	Lítio
Manganês	Chumbo	Rádio
Zinco	Selénio	Rubídio
Molibdénio		Escândio
		Estrôncio
		Vandium

Oligoelementos nos solos-

De acordo com Mitchell [5], o conteúdo total de oligoelementos de qualquer solo é principalmente uma função dos minerais que o compõem. O teor total varia de solo para solo, de acordo com a sua origem e o tipo de rocha-mãe, em mais de mil vezes, sendo muito comuns diferenças de cem vezes. Por conseguinte, o teor total é mais útil como índice de disponibilidade potencial do que o valor correspondente para os constituintes principais, que raramente varia de solo para solo mais do que cinco a dez vezes.

A partir do conhecimento do teor total de oligoelementos no solo, é difícil avaliar a quantidade exacta de oligoelementos que está presente numa forma disponível para absorção pelas plantas. Por conseguinte, o estado de disponibilidade dos micronutrientes deve ser considerado em primeiro lugar.

O estado dos oligoelementos nos solos, especialmente na superfície, está frequentemente sujeito a interferências bióticas. Enquanto a interferência vegetal e animal ocorre sob a forma de depleção, a interferência humana surge sob a forma de aplicação de fertilizantes, fumos industriais, gases residuais e fontes semelhantes.

A contribuição da produção vegetal, a aplicação de quantidades ilimitadas de fertilizantes comuns tem um efeito drenante sobre os solos. De acordo com Lyon et al.[1], as culturas constantes e o tratamento fertilizante de natureza desequilibrada esgotarão gradualmente o solo das pequenas quantidades de cobre, manganês, zinco e boro disponíveis, abaixo das necessidades actuais, especialmente de certas culturas.

O estado disponível dos nutrientes no solo é geralmente avaliado pelos seus componentes solúveis em água e pelos seus teores permutáveis ou disponíveis, determinados por extração com uma determinada solução. No caso de elementos como o molibdénio e o boro, que são absorvidos como aniões, a extensão da sua solubilidade em água é geralmente tida em consideração. O boro de extração com água quente foi detectado em 56 minerais, sendo comparativamente mais abundante na turmalina, um boro-silicato, contendo quantidades variáveis de ferro e alumínio, com cerca de 8 a 10% de óxido bórico [10]. A turmalina liberta boro por meteorização muito lentamente e os cristais finamente moídos não são eficazes na prevenção de perturbações por deficiência de boro nas plantas [11].

Nos solos, o boro encontra-se em formas orgânicas e inorgânicas, que podem estar disponíveis ou indisponíveis, mas sempre em equilíbrio umas com as outras [11]. Berger e Trough [11] afirmam que o boro presente nos solos pode ser dividido em boro total, boro solúvel em ácido e boro solúvel em água. Geralmente, menos de 5% do boro total nos solos está na forma disponível. A porção indisponível está frequentemente presente em grande parte como turmalina e os dados experimentais mostraram que não está prontamente disponível para as plantas [12, 13]. O teor total de boro de um solo não é uma medida confiável da capacidade do solo de fornecer boro às plantas e não é um indicador nem da adequação nem da necessidade de fertilização com boro.

Um dos trabalhos mais extensos sobre o boro no solo foi efectuado por Whetstone et al., [14] nos Estados Unidos, tendo-se verificado que o conteúdo total de boro variava entre 4 e 98 ppm, com uma média de 30 ppm, o que mostra que quase metade do boro está provavelmente presente na forma de turmalina. Os dados indicam que o teor de boro no solo reflecte sempre a sua origem geológica, sendo elevado no solo derivado de xisto, loess, aluvião, calcário e deriva glacial, enquanto os solos formados por rochas ígneas e materiais não consolidados são relativamente baixos em boro, ao passo que os solos aluviais, cinzentos, castanhos, podzólicos, de pradaria, de cheatnut, castanhos e de chernozem são elevados em boro.

Num estudo de 144 amostras de solos virgens, aráveis, fluviais, marinhos e florestais, Hirai [15] verificou que o boro total variava entre 2 e 55 ppm com uma média de 19 ppm. As maiores quantidades de boro estavam presentes em solos marinhos.

Disponibilidade de boro nos solos -

Os solos com deficiência de boro são geralmente encontrados em regiões húmidas onde os solos são ácidos [11]. A deficiência primária de boro ocorre em solos derivados da meteorização de rochas ígneas, pobres em boro nativo. A deficiência secundária de boro existe nos solos de onde o boro é perdido por lixiviação ou pela remoção de culturas ou quando a sua disponibilidade é limitada por outros factores. Reeve et al. [20] observaram que a concentração tóxica de boro pode ocorrer naturalmente em solos de regiões áridas. Satyanarayana [21,22] demonstrou que a acumulação de boro solúvel em água atinge níveis tóxicos no solo do deserto da zona árida da Índia.

O boro solúvel em água nos solos canadianos [23] variou entre 0-13 e 147 ppm e os seus estudos indicaram que os solos que contêm aproximadamente uma gama de 04 a 0^6 ppm de boro solúvel em água constituem um nível satisfatório. Nesta base, constataram que cerca de um terço dos solos estudados apresentavam um baixo teor de boro e a maior parte destes solos era de terras altas.

Rogers [24] constatou que os níveis críticos de boro solúvel em água em solos de textura grossa, para alfafa, trevo carmesim e trevo de broca, era de cerca de 045 ppm. Stinson [25], em seus estudos sobre a relação do boro solúvel em água no solo de Illinois com o teor de boro da alfafa, descobriu que o teor total de boro das plantas variava diretamente com o boro solúvel em água do solo. Ele descobriu que a deficiência de boro parecia existir para a alfafa em solos de textura mais pesada de Illinois que contêm menos de 0^5 ppm de boro solúvel em água, sendo os níveis críticos para solos arenosos de cerca de 045 ppm. De acordo com ele, aparentemente há uma relação positiva entre a maturidade, o nível de produtividade e o suprimento de boro solúvel em água para os solos. Ele sugere que os solos geralmente deficientes nos principais nutrientes também são baixos em boro disponível.

Muitos trabalhadores, no entanto, relataram que encontraram pouca ou nenhuma correlação entre o aoron disponível para as plantas e o boro extraído pelo procedimento de fervura de 5 minutos [26,27]. Baker e Cook [28] descobriram que o teor de boro disponível da camada superficial estava pouco correlacionado com a ocorrência de deficiência de boro ou com o teor de boro da alfafa. No entanto, vários casos de deficiência de boro foram observados em solos mais pesados quando o teor de boro dos solos de textura grossa atingiu ou excedeu 1 ppm.

Muitos trabalhadores sugeriram que qualquer tentativa de correlacionar a deficiência de boro em uma cultura com dados do solo deve primeiro levar em conta a umidade do solo. Mitchell [5] adverte que qualquer avaliação do status de boro de um solo também deve levar em conta a natureza da cultura, pois as monocotiledôneas têm uma necessidade menor de boro do que as dicotiledôneas. Alguns trabalhadores encontraram uma boa correlação entre o boro solúvel em água no solo e o teor de boro das plantas num determinado tipo de solo [58 - 60].

Ciclo do boro no solo -

Dennis [29] foi o primeiro a desenvolver um ciclo do boro na natureza e Berger [12] apresentou um ciclo detalhado do boro em regiões húmidas. Os seus princípios básicos são

O boro é adicionado aos solos quer por fertilização quer pela decomposição lenta da turmalina e de outros minerais primários de boro do solo. Parte deste boro é rapidamente disponibilizado e existe em duas formas: orgânica e inorgânica, que estão em equilíbrio entre si, bem como com o boro orgânico e inorgânico indisponível no solo.

As plantas absorvem o boro disponível, que volta a entrar no solo quando as plantas se decompõem. O comportamento posterior do ciclo parece ser regido principalmente pela reação do solo.

Em solos ácidos, grande parte do boro disponível na forma inorgânica é rapidamente lixiviado, levando a uma deficiência. Esta é uma caraterística das regiões húmidas. No entanto, em solos com alto teor de matéria orgânica, são encontrados teores mais altos de boro, sugerindo que, em condições ácidas, a matéria orgânica protege o boro da perda por lixiviação sem torná-lo indisponível. Presumivelmente, o boro disponível está ligado a compostos orgânicos insolúveis ou em formas queladas com a matéria orgânica.

Nos solos alcalinos, ocorre o fenómeno inverso. O boro disponível é convertido em duas funções temporariamente indisponíveis - orgânica e inorgânica, que também estão em equilíbrio com as formas disponíveis. Mas em condições alcalinas, a tendência desloca-se para as formas temporariamente indisponíveis. Na reacidificação ou devido a actividades microbiológicas, o boro é libertado e parte dele é novamente convertido em formas inorgânicas. Esta situação é típica dos solos das regiões áridas.

Factores que afectam o boro disponível no solo

Vários factores, como o pH, o carbonato de cálcio, a matéria orgânica, a textura do solo, a qualidade da água de irrigação, a alcalinidade do solo, a humidade do solo e a concentração de sais, etc., foram referidos em diferentes alturas como afectando a disponibilidade de boro.

pH do solo

O boro está mais disponível no intervalo de pH 5 a 7 [30], sendo a sua solubilidade muito baixa acima do pH 8-5. Eaton e Wilcox [31] afirmam que o boro dissolvido a pH 6^6 - 7-7 existe em grande parte sob a forma de ácido bórico não associado. Acima do pH 7-3, o cálcio e, em valores de pH mais elevados, o sódio deprimem a solubilidade e a disponibilidade do boro. Vários trabalhadores registaram uma correlação positiva significativa entre o boro disponível e o pH do solo. Mathur et al [32] obtiveram uma correlação positiva significativa entre o boro disponível e o pH dos solos irrigados, cujo pH variou de 7-8 a 8-2. Nos casos de solos não irrigados, cujo pH variava entre 7-4 e 8-2, não foi observada essa relação. Bhattacharjee [33] relatou que a disponibilidade de boro era comparativamente maior entre pH 6 e 8 e diminuía abaixo e acima dessa faixa.

Carbonato de cálcio

Foi relatado por trabalhadores de fora da Índia que os solos que contêm uma quantidade significativa de cal são normalmente baixos em boro disponível. Também se observou uma correlação positiva entre o boro disponível e o teor de carbonato de cálcio de alguns solos indianos [34,35].

Matéria Orgânica-

Midgley e Dunklee [36] demonstraram que a matéria orgânica tem uma elevada capacidade de fixação de boro. Foi salientado que, em solos ácidos, a matéria orgânica protege o boro da perda por lixiviação, sem o tornar indisponível, e que, em solos alcalinos, embora o boro seja parcialmente fixado pela matéria orgânica, está apenas num estado temporariamente indisponível e pode ser libertado pela decomposição da matéria orgânica.

Berger e Trough [11,12] constataram que os coeficientes de correlação entre a matéria orgânica e o boro disponível tanto no solo virgem como no solo da superfície cultivada eram altamente significativos. Os coeficientes de correlação parcial entre a matéria orgânica e o boro disponível, se o pH fosse mantido constante, eram altamente significativos na camada superficial de solos cultivados abaixo de pH 7-0, enquanto nos solos acima de pH 7, o coeficiente de correlação parcial era altamente significativo para pH e boro disponível se a matéria orgânica fosse mantida constante.

Parks e Shaw [18] constataram um aumento da fixação de boro no sistema de húmus à medida que o pH do solo diminuía abaixo de 6. Provavelmente, o boro fixado em formas orgânicas seria liberado novamente após a decomposição da matéria orgânica. Parks e White [37], em um estudo da retenção de boro por sistemas de argila e húmus saturados com vários cátions, sugeriram que as formações complexas com compostos dihidroxilados na matéria orgânica do solo são um mecanismo importante para a retenção de boro.

Page e Paden [38] relataram que o teor de matéria orgânica dos solos teve maior efeito na concentração de boro solúvel em água do que a textura ou o pH.

Alcalinidade do solo

A ocorrência de deficiências de boro em solos alcalinos de regiões húmidas é bem conhecida. Naftel [39] mostrou que o estado de calcário do solo é o fator mais importante que governa a disponibilidade de boro, diretamente pela alteração da reação do solo e indiretamente pelo aumento da atividade microbiana. Berger [12], no entanto, rejeita esta teoria da "deficiência de boro induzida pelo tempo". Devido à rapidez com que esta reação ocorre. Várias condições favorecem a fixação de boro em solos alcalinos.

De acordo com Mitchell [5], a toxicidade do boro pode surgir em áreas áridas nas quais o borato de cálcio e sódio é formado na superfície do solo e não é removido por lixiviação. A absorção de boro pelas plantas de um solo é reduzida pelo aumento do pH com a calagem. Wolf [40] afirma que os sintomas de deficiência de boro ocorreram em níveis de pH de aproximadamente 7 e se tornaram cada vez mais graves em valores de pH mais altos e que a porcentagem de boro nos topos das plantas diminui à medida que o pH do solo aumenta. É possível que, em solos alcalinos, tanto o cálcio quanto o pH do solo limitem a absorção de boro.

Mitchell [5] também afirma que a redução na absorção de boro pelas plantas ao aumentar o pH do solo com cal não é apenas um efeito fisiológico, mas também envolve uma solubilidade reduzida que não pode ser devida à formação de borato de cálcio, que é facilmente solúvel. Provavelmente, as fracções inorgânicas e orgânicas são conjuntamente activas na realização desta fixação. Aquando da reacidificação, a disponibilidade volta ao seu nível anterior [36, 41, 42].

Wolf [40] constatou que, dos quatro hidróxidos testados, o magnésio causou a maior redução na disponibilidade de boro solúvel; o hidróxido de cálcio, sódio e potássio teve um efeito menor na ordem indicada. Olson e Berger [42], investigando o efeito da reação do solo na fixação de boro, descobriram que a fixação de boro estava intimamente relacionada ao conteúdo de argila e ao pH do solo, conforme alterado pela adição de hidróxido de sódio, hidróxido de cálcio e ácido clorídrico. Os catiões utilizados não têm qualquer influência na fixação de boro, mas a alcalinidade que produzem resulta na fixação. Também demonstraram que as argilas fixaram a maior parte do boro, os siltes fixaram uma quantidade intermédia e as areias fixaram muito pouco.

Eaton e Wilcox [31] consideraram a troca aniónica, a precipitação química e a adsorção molecular de ácido bórico como possíveis mecanismos para a fixação de boro no solo. Agora é bem conhecido que, quando uma solução contendo boro é adicionada ao solo, parte do boro é removida do boro disponível do que as argilas ligeiramente ácidas, siltosas e argilosas. Lehr [45] descobriu que as argilas, especialmente as de origem marinha, são ricas em boro e as areias são baixas no elemento.

Reeve et al [17] descobriram que 75 a 85% da aplicação de 20 lb acre de bórax era removida da profundidade de 7 polegadas de quatro solos de Nova Jersey quando era aplicada água equivalente a um quarto da precipitação anual da região. Estudos realizados por Krugel et al [46,47] mostraram que o boro era facilmente removido do solo por lixiviação sucessiva e que não havia razão para recear a sua acumulação no solo. Wilson et al [48] descobriram que a maior parte do boro solúvel em água na argila permanecia na camada superior de 8 polegadas. O boro solúvel em água na argila arenosa acumulou-se na camada de 12-36 polegadas do solo, enquanto apenas $0^\wedge 8$ a 1-1 ppm na superfície está presente.

Qualidade da água de irrigação-

À medida que a precipitação diminui, o teor de boro da água do subsolo aumenta. Nalgumas zonas de baixa precipitação, o teor de boro das águas de poços é tão elevado que estas não podem ser utilizadas para fins de irrigação. A aplicação de águas de irrigação com elevado teor de boro durante longos períodos de tempo aumenta gradualmente o teor de boro do solo irrigado. Singh e Kanwar [49] analisaram águas de poços de uma área em Punjab com precipitação anual entre 30 e 40 polegadas (76 - 102 cm) e descobriram que elas continham $0^\wedge 2$ a $0^\wedge 5$ ppm de boro. O boro solúvel em água nestes solos é mais elevado do que o solo irrigado por canal do mesmo território que, segundo os relatórios, contém uma média de $0^\wedge 23$ ppm de boro [50]. Mathur et al., [32] descobriram que a presença de boro está na gama de 2-8 a 4-1 ppm na água de poço do Rajastão (precipitação anual de 25 cm). A utilização de água de poço para efeitos de irrigação aumentou o teor de boro solúvel em água na superfície do solo de 0 em água de poço35 para 2 em água de poço03 e o do subsolo de 0 em água de poço36 para 4 em água de poço87 ppm. Mostraram que a água que contém mais de 2 ppm de boro pode acumular uma concentração muito elevada de boro que pode ser prejudicial para as culturas. Magisted e Christiansen [19] também concluíram que a água com mais de 2 ppm de boro pode ser considerada inadequada para irrigação. Kanwar e Singh [50] revelaram ainda que a água de irrigação, onde o boro está bem dentro do limite de segurança, deve ser utilizada com precaução, uma vez que a sua utilização durante longos períodos de tempo pode aumentar o teor de boro para um limite que pode ser prejudicial para a maioria das culturas.

Concentração de sal-

No solo de terra firme, o boro disponível existe sob a forma de sal de sódio, que é altamente solúvel. Por conseguinte, em condições que incentivam a formação de solo salino-alcalino, o boro também sobe juntamente com outros sais e é depositado à superfície do solo. O teor de boro solúvel em água do solo aumenta com um aumento da condutividade eléctrica do extrato de saturação do solo [50 - 53].

Humidade do solo-

O clima seco acelera o aparecimento de sintomas de deficiência de boro em culturas que crescem em solo contendo pouco boro disponível. Schropp e Scharrer [54], que estudaram o efeito do boro na podridão do coração de beterrabas em diferentes níveis de umidade, descobriram que a capacidade de umidade do solo contribuiu para a prevenção da doença. Latimar [55] descobriu que a seca nos meses de verão era o principal fator que causava a deficiência de boro em maçãs. A secagem do solo aumenta a fixação de boro [43,56,57].

Berger [12], no entanto, duvida que a camada de arado no campo seque o suficiente na maioria dos anos para causar uma fixação apreciável de boro. Se o boro fosse fixado de alguma forma, a maior parte do solo seria deficiente em boro e o solo, especialmente nas regiões áridas, seria particularmente deficiente e não libertaria o seu boro em anos húmidos. No entanto, não é isso que acontece. O autor sugere que a razão para a deficiência de boro em anos secos, em contraste com os anos húmidos, é que a maior parte do boro disponível se encontra na camada superficial e, quando esta camada fica seca, as plantas alimentam-se nesta camada de forma limitada devido à falta de água e, em vez disso, alimentam-se dos horizontes inferiores do solo, que são normalmente pobres em matéria orgânica e pobres em boro disponível. A deficiência de boro em anos secos, portanto, não ocorre por fixação, mas pela incapacidade das raízes das plantas de se alimentarem nos horizontes superficiais. É possível que alguma fixação de boro possa ser causada pela secagem do solo superficial em clima extremamente quente e seco, mas é duvidoso que muito boro seja fixado abaixo de 2 polegadas de profundidade.

Rácio cálcio - boro

Desde que Brenchley e Warington indicaram pela primeira vez que existia uma associação entre o boro e a absorção de cálcio pelas plantas, vários trabalhadores estudaram a relação boro-cálcio no solo e nas plantas e a inter-relação de vários outros elementos com o boro. Foi observado que o crescimento normal da planta ocorre apenas quando existe um certo equilíbrio na ingestão de cálcio e boro. Dhawan e Dhand [61] relataram que o valor médio de Ca/B era superior a 500 para um solo bom e 110 ou inferior para um solo pobre.

Aplicabilidade das técnicas analíticas de rotina de análise de vestígios de boro no solo

A importância dos vestígios de boro no solo no domínio da agricultura torna interessante a sua determinação. A gama de tolerância entre a deficiência e a toxicidade é bastante estreita para muitas plantas [62,63]. Por conseguinte, é necessário um método rápido, exato e sensível para a determinação do boro no solo. O método deve ser adequado e aplicável a pequenas quantidades de material e aplicável a estudos de deficiência e toxicidade.

A análise por ativação de neutrões por espetroscopia, a espetrometria de emissão de plasma, a fotometria de chama, a espetroscopia de absorção atómica, a técnica de eléctrodos selectivos de iões, a espetrofotometria, etc., são as técnicas utilizadas para a estimativa de elementos a nível vestigial.

O boro em quantidades vestigiais não se presta facilmente à análise; normalmente é determinado espectrograficamente devido à conveniência e rapidez do método. No entanto, o método espetrográfico requer equipamento sofisticado e, além disso, a sua precisão e exatidão são consideravelmente inadequadas para as exigências mais exigentes da geoquímica interpretativa e experimental.

As técnicas nucleares têm sido muito raramente utilizadas para a determinação do boro. Tirando partido da elevada absorção térmica de neutrões do boro. Frevert [64] e outros [65] mediram o boro por absorciometria de neutrões, mas a sensibilidade deste método é muito fraca. Englmann e Cabane [66] utilizaram a ativação de protões para a determinação do boro ao nível de ppm, mas verificaram que a interferência do azoto não pode ser eliminada a menos que as irradiações sejam efectuadas com diferentes energias de protões.

Foi utilizado um espetrómetro de emissão de plasma de árgon de corrente contínua [67] para medir o boro na gama de 0^02 a 250 mg/litro. Este método é exato e preciso, mas requer instrumentação dispendiosa. Do mesmo modo, a técnica de captura de neutrões com raios Y foi utilizada para a determinação de boro por Gladney et al [68], mas requer equipamento muito especializado. O boro não apresenta uma linha sensível adequada para a sua determinação no solo por fotometria de chama.

A absorção atómica não é adequada para a determinação de boro no solo e nas plantas porque a sensibilidade à chama é de apenas 20-30 ppm [69] e a formação de carbonetos torna a abordagem sem chama impossível. Foi demonstrada a viabilidade de uma determinação indireta do boro por espetrofotometria de absorção automática sem chama utilizando a extração por solvente como tetrafluroborato de cádmio (1,10 - fenantrolina) para isolar o boro e a análise subsequente do cádmio, para o qual a absorção atómica sem chama é muito sensível [70]. Vários iões metálicos constituem sérias interferências na aplicação desta técnica inovadora. Foi comunicada uma aplicação sensível da emissão catódica oca à análise do boro [71], mas este procedimento sofre de várias instabilidades na emissão catódica que afectam a precisão do método.

A determinação de boro como tetrafluroborato por elétrodo de iões específicos está a ter uma aplicação crescente, mas é necessária uma atenção cuidadosa aos iões interferentes e aos agentes de transformação, especialmente em matrizes de silicato [72].

Recomenda-se um grande número de reagentes para a determinação espectrofotométrica de boro. A curcumina, a quinalizarina e a caramina são consideradas adequadas e são amplamente utilizadas para a estimativa de rotina de vestígios de boro.

No método da curcumina [73], a reação ocorre em solução de etanol e pequenas alterações de temperatura não afectam a cor, mas os nitratos e as quantidades excessivas de ferro e molibdénio têm de ser removidos. Um método geralmente aplicável para separar o boro dos elementos interferentes é a destilação como borato de metilo.

No método da quinalizarina [74], a quinalizarina parece ser o método mais utilizado, uma vez que está menos sujeito a interferências de outros elementos e as determinações podem ser efectuadas fácil e rapidamente. O reagente é particularmente adequado para utilização com um fotómetro de filtro ou espetrofotómetro, uma vez que se verifica uma sobreposição considerável das bandas de absorção do reagente que reagiu e do reagente que não reagiu [75]. Consequentemente, existe uma grande divergência em relação à lei de Beer e o colorímetro pode ser utilizado numa gama limitada de concentrações de boro. Ellia et al [76] tiveram dificuldade em encontrar ácido sulfúrico concentrado suficientemente baixo em boro para permitir a utilização desta gama limitada.

No método do carmim [77], o carmim forma um complexo fortemente colorido com o boro de uma forma semelhante à da quinalizarina, ocorrendo a reação em ácido sulfúrico concentrado. Não se verificam interferências de sílica, flúor, amónio, cálcio, molibdénio, manganês, sódio e potássio e não há efeito de temperatura entre 20° C e 35° C. O erro da diferença média deve ser de ± 0-1. A utilização dos métodos do ácido sulfúrico concentrado e do carmim é inconveniente.

De um modo geral, nenhum destes métodos utilizados em rotina até à data pode ser considerado simples. Porque têm alguns defeitos, como os efeitos de interferência, a fraca sensibilidade dos riscos experimentais, ou requerem alguns instrumentos especiais e dispendiosos, pelo que a sua aplicação na rotina não é completamente satisfatória.

Por conseguinte, vale a pena desenvolver um novo método espetrofotométrico para a estimativa do boro. Na presente investigação, foi efectuado um trabalho sistemático para estudar a adequação da aplicação do reagente de ferroína para a análise espectrofotométrica de rotina do solo relativamente à sua disponibilidade de boro.

Capítulo II
MATERIAL E MÉTODOS

Aparelhos-

Os vidros utilizados eram todos de pirex. As buretas, as pipetas e os frascos-padrão foram calibrados por métodos normalizados, descritos por Vogel [1]. Para as amostras com peso superior a 50 mg, foi utilizada uma balança analítica. Para as amostras de peso inferior a 50 mg, foi utilizada uma balança semi-micro. A calibração da caixa de pesos foi efectuada de acordo com o método recomendado por Scott [2].

Medidor de pH-

Para a medição do pH, foi utilizado um medidor de pH digital ELICO LI-120 fornecido pela Electronic Instruments Co. Ltd., Hyderabad. As soluções-tampão de N/20 de hidrogenoftalato de potássio foram preparadas dissolvendo P021 g de sal de AR ($KC_8H_5O_4$) em 100 ml de água destilada e N/100 de bórax foram preparadas dissolvendo 0-381 g de bórax ($Na_2B_4O_7\cdot10H_2O$) em 100 ml de água destilada.

Espectrofotómetro

As medições de absorção foram efectuadas no espetrofotómetro Carl - Zeiss VSU-2P utilizando células de quartzo de 1 cm e spectronic - 20 com células de vidro. A calibração do espetrofotómetro foi verificada com uma solução de permanganato de potássio a 0^0052% e também com uma solução a (H)0r% de cromato de potássio em hidróxido de potássio 0^05M, a calibração do spectronic - 20 foi verificada com uma solução de permanganato de potássio a 0^0029% e também com uma solução a (H)04% de cromato de potássio em hidróxido de potássio (H)5M. Os espectros observados estavam em boa concordância com os espectros registados na literatura [3].

Produtos químicos

A maior parte dos produtos químicos utilizados eram de grau AR. Utilizou-se água bidestilada para preparar soluções padrão e para todo o trabalho experimental.

Amostragem do solo

Foram colhidas amostras de solo à superfície em diferentes partes da Índia, como Pune (18), Nashik Districts (44), Devenhalli farm Banglore (9) e Bhopal (2).

As amostras de solo foram preparadas de acordo com o procedimento indicado por Hesse[4]. O campo de amostragem foi dividido em unidades de amostragem com base na uniformidade do declive, da cor e da textura. Os solos superficiais (0-20 cm) foram recolhidos de cada campo e misturados cuidadosamente, tendo sido ensacados cerca de 0\5 kg desta amostra representativa.

Os solos recolhidos foram espalhados em tabuleiros de madeira e deixados a secar ao ar. Quando o solo estava seco ao ar, foi triturado, peneirado e os grandes pedaços foram partidos à mão. O solo foi triturado, rolando suavemente com um rolo de madeira. O solo triturado foi peneirado numa peneira de 0-15 mm (100 mesh), de modo a obter partículas finas da amostra de solo para análise posterior.

Preparação de soluções-mãe
Solução de Boro -

Dissolveram-se 30-9 mg de ácido bórico de grau AR numa quantidade mínima de água destilada e o volume foi completado até à marca k num balão de medição padrão de

500 cm^3 . Uma alíquota de 25 cm^3 desta solução foi diluída a 100 cm^3 com água destilada para obter uma solução-padrão de boro de 2-7 idg/cim.

Ferroin -

Dissolver 0-695 g de sulfato de ferro (II) hepta-hidratado e 1^485 g de o-fenonotrolina em água destilada e diluir a 100 cm^3 num balão de medição padrão.

EDTA -

Dissolver 1 g de sal de sódio do ácido etilenodiamino-tetra-acético em água destilada e diluir até à marca num balão de medição padrão de 100 cm^3 .

Salicilato de sódio -

Dissolveram-se 10 g de salicilato de sódio acabado de preparar em água destilada e diluíram-se até à marca num balão de medição padrão de 100 cm^3 . O salicilato de sódio fresco foi preparado da seguinte forma

Dissolver 10 g de bicarbonato de sódio em 100 cm^3 de água destilada. A esta solução, adicionaram-se lentamente 16-5 g de ácido salicílico, com agitação constante. Após a adição completa, a solução foi concentrada num banho de água a ferver. A solução foi arrefecida num banho de gelo, os cristais brancos foram separados, filtrados e secos num exsicador a vácuo.

Carmine -

Dissolver 50 g de carmim numa quantidade mínima de ácido sulfúrico concentrado e diluir até à marca num balão de medição padrão de 100 cm^3 com ácido sulfúrico concentrado.

Indicador Azul de Bromotimol -

Dissolver 100 mg de indicador azul de bromotimol em hidróxido de sódio 0-1 N e completar o volume num balão de 250 cm^3 com água destilada.

Ácidos e álcalis padrão -

As pastilhas de hidróxido de sódio foram dissolvidas em água desionizada. A força da solução foi determinada titulando-a com ácido succínico padrão, utilizando fenolftaleína como indicador.

Os ácidos, como o sulfúrico e o clorídrico, foram normalizados por titulação com uma solução padrão de hidróxido de sódio.

MÉTODOS

Extração de boro disponível (solúvel em água) do solo [5]-

Uma amostra de 20 g de solo seco ao ar e peneirado (100 mesh) foi pesada com precisão e transferida para um balão de fundo redondo de 150 cm^3 com junta de encaixe rápido B-24. Foram adicionados 40 cm^3 de água ao solo e a suspensão foi fervida durante 5 minutos utilizando um condensador de refluxo. Adicionaram-se 2 a 4 gotas de solução 1N de cloreto de cálcio à suspensão e filtrou-se através de Whatman n.º 42. Foram utilizados alguns cm^3 de uma alíquota do filtrado para a estimativa do boro pelos métodos da ferroína e da caramina. As medições de absorvância foram corrigidas com os reagentes em branco, preparados da seguinte forma

40 cm^3 de água destilada foram fervidos durante 5 minutos num balão de fundo redondo de 150 cm^3 equipado com um condensador de refluxo, arrefecido e utilizado para obter o branco de reagente.

Extração de boro total do solo [6]-

500 mg de solo foram misturados com 3 g de carbonato de sódio anidro, bem misturados e fundidos num cadinho de platina, arrefecidos e transferidos para um copo de 250 cm^3 contendo cerca de 50 cm^3 de água destilada. A solução foi neutralizada da seguinte forma

À suspensão foi adicionado ácido sulfúrico 4N, gota a gota, até a massa fundida se desintegrar e o pH da solução se situar entre 6 e 6^8. A solução foi então transferida para um balão de medição normalizado de 500 cm^3 . O copo e o cadinho foram lavados várias vezes com água destilada e o líquido de lavagem foi transferido para o balão de medição. A solução foi tornada ligeiramente alcalina por adição cuidadosa de uma solução saturada de carbonato de sódio. A solução foi diluída até ao traço com etanol redestilado e, quando o líquido sobrenadante não era límpido, foi centrifugado.

Cerca de 400 cm^3 de uma alíquota da solução límpida foi colocada num copo e evaporada lentamente, tendo sido aquecida até à secura para obter o resíduo. O resíduo foi então incendiado para destruir a matéria orgânica. Após arrefecimento, foram adicionados 5 cm^3 de HCl 04N e alguns cm^3 desta solução foram utilizados para estimar o boro pelos métodos da ferroína e da caramina.

Métodos de determinação do teor de boro
A] Determinação do boro pelo método da ferroina [7]-

Um volume medido da solução de amostra foi recolhido num copo de 150 cm^3 e diluído para 50 cm^3 com água destilada. O pH da solução foi ajustado para 5-5 adicionando hidróxido de sódio 0-1 N ou ácido sulfúrico 04 N, gota a gota. A esta solução foram então adicionados 5 cm^3 de salicilato de sódio a 10% e 8-8 cm^3 de ácido sulfúrico (-IN), bem misturados e deixados em repouso durante 1 hora. Mais uma vez, o pH da solução foi ajustado entre 6 e 7 com hidróxido de sódio (-I N) e imediatamente transferido para uma ampola de decantação de 125 cm^3 . Nesta solução, foram adicionados 0-5 cm^3 de solução de EDTA a 1% e 0-5 cm^3 de solução de ferroína, tendo a mistura sido agitada por rotação do funil. A mistura foi equilibrada durante 30 segundos com 10 cm^3 de clorofórmio. A fase clorofórmica foi separada e transferida para outro funil. A fase clorofórmica foi tratada com 50 cm^3 de água destilada, equilibrando-a durante 30 segundos para remover a contaminação por reagentes. O extrato clorofórmico lavado foi recolhido num balão de medição padrão de 10 cm^3 e completado com clorofórmio até à marca. A absorvância do complexo ferroin-boro-di-salicilato extraído foi medida a 516 nm de comprimento de onda em relação ao branco de clorofórmio no espetrofotómetro e/ou Spectronic - 20.

Espectro de Absorção -

Tomou-se uma série de soluções contendo 0, 2-7, 5-4 e 84 pg de boro e diluiu-se até à marca num balão de medição padrão de 50 cm^3 com água bidestilada. Seguiu-se o procedimento acima descrito. Os espectros de absorção (Quadro - I, Fig-1) dos extractos de clorofórmio foram obtidos no Spectronic - 20.

Todos estes espectros de absorção revelam que o comprimento de onda de 516 nm é o comprimento de onda adequado para a determinação espectrofotométrica de boro devido à absorvância máxima do borodisalicilato de ferroína e à absorvância negligenciável do extrato em branco do reagente neste comprimento de onda.

Tomou-se uma série de soluções contendo 0, 1-35, 2-7, 4-8, 6-9, 9-1 e 1-14 pg de boro e diluiu-se até à marca num balão de medição padrão de 50 cm³ com água bidestilada. Seguiu-se o procedimento acima descrito. Foram traçados gráficos de calibração entre a absorvância a 516 nm e a concentração de boro em p.g/cm3 de clorofórmio (Quadro - II, Fig-2)

Determinação do boro pelo método do carmim [8]-

Colocam-se 2 cm³ de solução de amostra num balão de 25 cm³ e adicionam-se 2 a 3 gotas de ácido clorídrico concentrado e 10 cm³ de ácido sulfúrico concentrado, misturam-se e deixa-se arrefecer. Após arrefecimento, adicionaram-se 10 cm³ de carmim, misturou-se bem e deixou-se repousar durante 45 minutos para o desenvolvimento da cor. A absorvância foi medida a 585 nm em relação a uma solução de referência de 2 cm³ de água destilada durante todo o processo. A quantidade de boro presente foi obtida a partir da curva de calibração (Fig.-3). Quando a concentração de boro era tal que o valor de absorvância medido se situava fora do intervalo de absorvância recomendado, diluía-se a amostra ou concentrava-se a mesma para satisfazer as condições.

Quando a concentração de boro era demasiado elevada, foi medida uma alíquota adequada da amostra e diluída com água bidestilada até um volume conhecido e 2 cm³ desta solução diluída foi efectuada através do procedimento descrito acima.

Quando as concentrações de boro são demasiado baixas, uma solução da amostra medida foi alcalinizada com hidróxido de sódio e evaporada até à secura num banho de vapor, arrefecida e adicionada a 5 cm³ de ácido clorídrico diluído, triturada com um polímero de borracha e centrifugada. 2 cm³ desta alíquota foram submetidos ao procedimento acima descrito.

Preparação da curva de calibração-

A absorvância da solução foi medida através do tratamento de 2 cm³ de uma solução padrão de boro no intervalo de 0 a 10^g de boro, como descrito acima. (Tabela - III, Fig.-3).

pH do solo [9]-

10 g de amostra de solo peneirada foram colocados em frascos de vidro de 100 cm³ com rolha de vidro esmerilado e 25 cm³ de água bidestilada foram adicionados a eles. A suspensão foi equilibrada durante 30 minutos num agitador mecânico. Em seguida, o pH foi medido com um medidor de pH digital utilizando um elétrodo de vidro e um elétrodo de referência de calomelano. Teve-se o cuidado de agitar bem a suspensão imediatamente antes da imersão dos eléctrodos.

Solo: extração de sais solúveis em água [10]-

Foram pesados 20 g de solo seco ao ar e transferidos para uma garrafa de vidro de 250 cm³ com rolha de vidro esmerilado. Em seguida, foram adicionados 100 cm³ de água bidestilada. A garrafa foi agitada durante 2 horas e depois deixou-se assentar. O líquido sobrenadante foi filtrado com papel de filtro Whatman n.º 42. A filtração foi repetida, se necessário, até o líquido sobrenadante ficar límpido. A condutividade eléctrica deste líquido sobrenadante foi medida com um condutivímetro Toshniwal, utilizando uma célula de platina. A constante de célula foi determinada a partir da medição da condutividade do cloreto de potássio 04 N. A percentagem de sais solúveis totais no solo foi calculada da seguinte forma

$$\% \, salt \, in \, soil = 0 \cdot 32 \times k \times \frac{\% \, of \, water \, in \, soil \, at \, extraction}{100}$$

em que k - condutância específica

Carbonato de cálcio total [11]-

5 g de solo peneirado com 100 mesh foram pesados e colocados numa garrafa de vidro de 250 cm³ e 100 cm³ de ácido clorídrico 1M normalizado foram adicionados lentamente a partir de uma bureta. A mistura foi agitada durante uma hora num agitador mecânico. Deixou-se a suspensão assentar. Pipetou-se 25 cm³ do líquido sobrenadante para um erlenmeyer e titulou-se com solução de hidróxido de sódio 1N utilizando o indicador azul de brometo de timol. Para o branco, 25 cm³ de ácido clorídrico 1M foram titulados com solução de hidróxido de sódio 1M utilizando o indicador azul de brometo de timol. A percentagem de CaCO3 foi calculada do seguinte modo

$$\% \, de \, CaCO_3 = (título \, em \, branco - expt, \, título') \, x \, 5$$

QUADRO - I

Medidas de absorção de Ferroin - borodisalicilato extraído com diferentes quantidades de Boro em Clorofórmio.

Extrato A - 0^0 pg de boro em clorofórmio
Extrato B - 2-7 .ug de boro em clorofórmio
Extrato C - 54 pg de boro em clorofórmio
Extrato D - 84 pg de boro em clorofórmio

N.º Sr.	Comprimento de onda (nm)	Absorção			
		A	B	C	D
1	350	0^004	0^080	0-104	0-137
2	360	0-018	0^060	0486	0-112
3	370	0-018	0^066	0498	*0442*
4	380	0-012	0^088	0-150	0^209
5	390	0-012	0-128	0-230	*0422*
6	400	0-012	0-178	0430	0460
7	410	0-018	0-230	0432	0410
8	420	0422	0^280	0430	0^748
9	430	0424	0-315	0496	0450
10	440	0^028	0440	0450	0^922
11	450	0^025	0-366	0490	0480
12	460	0^033	0490	0-750	1-070
13	470	0^033	0430	0-825	1-160
14	480	0^034	0450	0-857	*1420*
15	490	0^035	0462	0-880	1^250
16	500	0442	0480	0-915	1-300
17	510	0^038	0498	0450	1-340
18	515	0437	0488	0435	1-380

19	520	0^033	0463	0-870	*1430*
20	530	0424	0460	0475	0448
21	540	0^003	0-235	0445	0^620
22	550	0^004	0-144	0^264	0458
23	560	0^004	0486	0-148	*0412*
24	570	0^003	0453	0494	0^126
25	580	0^004	0433	0456	0-081
26	590	0^003	0425	0436	0450
27	600	0^004	0422	0^022	0^032

QUADRO - II

Curva de calibração para o boro pelo método Ferroin
Fase aquosa - 50 cm^3
Fase orgânica - 10 cm^3 de clorofórmio
Comprimento de onda - 516 nm

Nº Sr.	Concentração de boro em pg/cm^3 em clorofórmio	Absorvância em			
		Espectro	termómetro	Espectrónico-20	
		Observado	Corrigido	Observado	Corrigido
1	0-0	0^037	-	0-04	-
2	0-135	0^271	0-234	0-27	0-23
3	0-270	0488	0-451	048	044
4	0405	0477	0440	049	045
5	0-540	0-935	0498	0-91	047
6	0475	1-167	1'130	1-14	1-10
7	0-810	1-380	1-343	1-37	1-33

Quadro - III

Curva de calibração do boro pelo método do carmim
Médio - 89,1% de ácido sulfúrico
Comprimento de onda - 585 nm

N.º Sr.	Quantidade de boro em pg	Absorvância
1	1	0-04
2	2	0-10
3	3	0-15

4	4	0-20
5	5	0-24
6	6	0-30
7	7	0-36
8	8	0-40
9	9	0-44
10	10	0-50

Figura - 1

Medidas de absorção de Ferroin - borodisalicilato extraído com diferentes quantidades de Boro em Clorofórmio.

Extrato A - 0^0 gg de boro em clorofórmio
Extrato B - 2-7 gg de boro em clorofórmio
Extrato C - 54 gg de boro em clorofórmio
Extrato D - 84 gg de

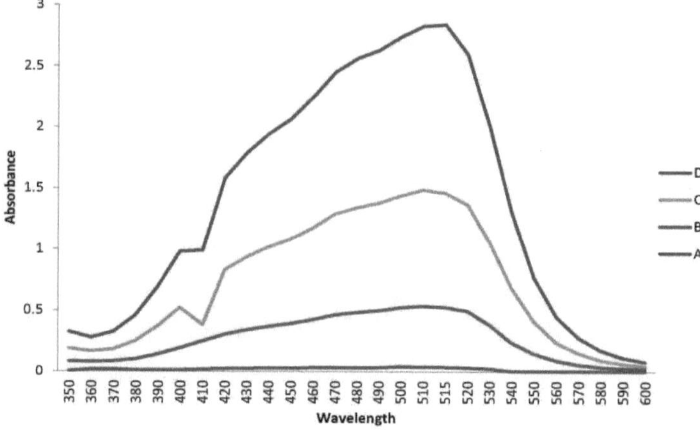

Figura -2

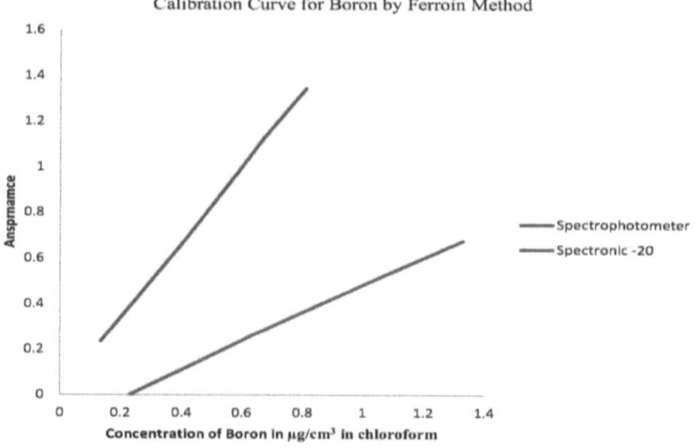

Figura -3

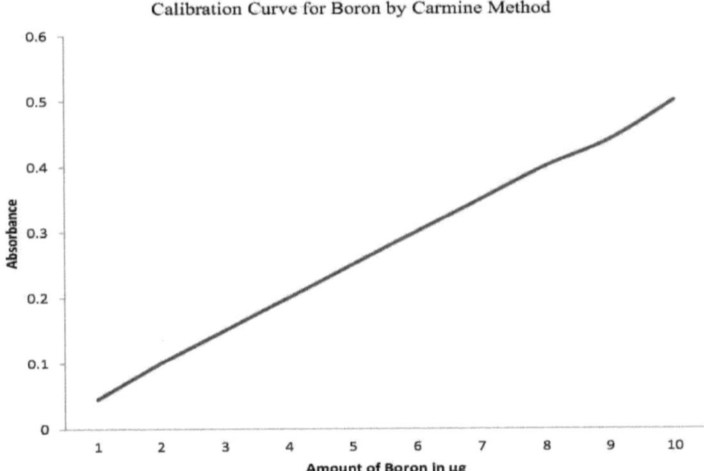

Calibration Curve for Boron by Carmine Method
Absorbance
0.6
0.5
0.4
0.3
0.2
0.1
0
1
2
3
4
5
6
7
8
9
10
Amount of Boron in µg

Capítulo III
RESULTADOS E DISCUSSÃO

Embora o objetivo da presente investigação seja estudar a aplicabilidade da ferroína na determinação espectrofotométrica de boro em solos com base no trabalho relatado [1], na determinação de boro em amostras de água, foram repetidos estudos preliminares para verificar a sua reprodutibilidade. Verificou-se que os parâmetros como o pH, o solvente e as condições de extração estão de acordo com os relatados. Nesta base, foram realizados os seguintes estudos com vista a aplicar o procedimento à análise de boro em solos.

Efeitos das espécies estrangeiras

Foram estudados os efeitos de espécies estranhas, como o cobre, o zinco, o ferro, o manganês e o molibdénio, que podem geralmente ocorrer no extrato solo:água (1:2) e verificou-se que o cobre e o zinco que interferem podem ser mascarados pela adição de 0^5 cm^3 de solução de EDTA a 1%. O carbonato, um dos principais constituintes do solo, reage com o ácido e, por conseguinte, causa interferência reduzindo a concentração de ácido sulfúrico 04 N na mistura de reação. A neutralização da amostra com ácido sulfúrico 04 N a pH 5-5 elimina o efeito. Em geral, qualquer espécie que altere o pH da amostra deve ser neutralizada com ácido ou álcali para pH 5-5 antes da determinação de boro.

Curva de Calibração-

Os gráficos da absorvância em função da concentração de boro mostram uma linha reta na gama de 0435 a 0^81 p.g/cm^3 , quando as medições da absorvância foram efectuadas a 516 nm, utilizando o espetrofotómetro Spectronic - 20 e Carl - Zeiss VSU-2P com células de sílica de 1 cm. Estes gráficos indicam que a lei de Beer é obedecida nesta gama. A absorvência molar da espécie corada foi de 92001 mol^{-1} cm^{-1} a 516 nm. A absorvância do reagente em branco foi de 0^037 neste comprimento de onda, o que é quase insignificante em comparação com 0^935 para 0^54 p.g/cm^3 boro no extrato de clorofórmio. Mas para uma melhor exatidão dos resultados, o branco do reagente também foi tomado contra o clorofórmio e todas as leituras foram corrigidas subtraindo o valor da leitura da absorvância.

Precisão e exatidão do método da Ferroína-

A precisão e exatidão do método da ferroina e do método do carmim para o boro solúvel em água foram testadas através da análise da amostra de solo J4, sete vezes por cada método.

Os resultados de sete determinações de boro na amostra de solo número J4 pelo método da ferroína deram uma média de 0-197 $\mu g/g$ que varia entre 0^184 e 0^216 $\mu g/g.$ A variação em relação à média foi de $\pm 0^009$ no limite de confiança de 95% e o desvio-padrão é de 0^0109 (Quadro - IV). Para a mesma amostra, o método do carmim deu uma média de 0^268 $\mu g/g$, que varia entre 0^20 e 040 $\mu g/g.$. A variação em relação à média foi de $\pm 0^066$, com um limite de confiança de 95%, e o desvio padrão é de 0^072 (Quadro - V).

No quadro -VI, pode ver-se que os resultados obtidos pelo método da ferroína e pelo método do carmim são comparáveis. No entanto, o método do carmim é menos rápido e implica a utilização de reagentes mais perigosos. Os resultados apresentados no quadro - VI indicam que o método da ferroína é mais preciso do que o método do carmim. A principal vantagem do método da ferroína é a ausência de interferências de iões que estão sobretudo presentes nos extractos de solo.

Nas páginas seguintes, comparam-se os resultados da análise de amostras de solo para o boro disponível (solúvel em água) e para o boro total pelo método da ferroína com os valores obtidos pelo método do carmim. Além disso, o pH, os sais solúveis totais e o carbonato de cálcio total são discutidos a nível distrital. A análise de correlação dos dados foi efectuada entre o boro disponível e os parâmetros como o boro total, o pH, os sais solúveis e a percentagem de carbonato de cálcio total da seguinte forma

A análise de correlação avalia a relação entre duas variáveis associadas. Um dos meios mais comuns para essa avaliação é o cálculo do coeficiente de correlação (r) -

$$r = \frac{SS_{xy}}{\sqrt{SS_x \; SS_y}} \geq 1$$

Em que SSx é a soma dos quadrados para x, SSy é a soma dos quadrados para y e $SSxy$ é a soma dos quadrados dos produtos cruzados.

$$SSx = \sum x^2 - \frac{(\sum x)^2}{n}$$

$$SSx = \sum y^2 - \frac{(y)^2}{n}$$

$$SSxy = \sum xy \; - \frac{\sum x \sum y}{n}$$

ou seja
Pune (17)-
Boro disponível (x)

$\sum x \quad = 0\cdot81 + 1\cdot35 + 1\cdot40 + \ldots\ldots\ldots + 0\cdot09 = 21\cdot19$

$\sum x^2 = 0\cdot6561 + 1\cdot8225 + 1\cdot96 + \ldots\ldots + 0\cdot0081 = 13\cdot239$

pH (a) –

$\sum a = 8\cdot1 + 8\cdot0 + 8\cdot1 + \ldots + 6\cdot9 = 131\cdot80$

$\sum a^2 = 65\cdot61 + 64 + 65\cdot61 + \ldots + 47\cdot61 = 1092\cdot57$

$\sum ax = 6\cdot561 + 10\cdot8 + 11\cdot34 + \ldots + 0\cdot621 = 98\cdot806$

Soluble Salts (b) –

$\sum b = 0\cdot043 + 0\cdot087 + 0\cdot080 + \ldots + 0\cdot017 = 0\cdot831$

$\sum b^2 = 0\cdot001849 + 0\cdot007569 + 0\cdot0064 + \ldots + 0\cdot000289 = 0\cdot047727$

$\sum bx = 0\cdot3483 + 0\cdot11745 + 0\cdot112 + \ldots + 0\cdot00153 = 1\cdot002406$

Calcium Carbonate (c) –

$\sum c = 9 + 4\cdot5 + 7 + \ldots + 3 = 135\cdot5$

$\sum c^2 = 81 + 20\cdot25 + 49 + \ldots + 9 = 1710\cdot25$

$\sum cx = 7\cdot27 + 6\cdot075 + 9\cdot8 + \ldots + 0\cdot27 = 102\cdot305$

Nasik (44)—

Available boron (x) –

$\sum x = 0\cdot22 + 0\cdot30 + 0\cdot23 + \ldots + 0\cdot09 = 8\cdot59$

$\sum x^2 = 0\cdot484 + 0\cdot09 + 0\cdot0529 + \ldots + 0\cdot0081 = 1\cdot9247$

pH (a) –

$\sum a = 7\cdot7 + 8\cdot1 + 8\cdot4 + \ldots + 8\cdot1 = 349\cdot5$

$\sum a^2 = 59\cdot29 + 65\cdot61 + 70\cdot56 + \ldots + 65\cdot61 = 2779\cdot37$

$\sum ax = 1\cdot694 + 2\cdot430 + 1\cdot932 + \ldots + 0\cdot729 = 68\cdot334$

Soluble Salts (b) –

$\sum b = 0\cdot042 + 0\cdot068 + 0\cdot076 + \ldots + 0\cdot126 = 3\cdot596$

$$\sum b^2 = 0 \cdot 001764 + 0 \cdot 004624 + 0 \cdot 005776 + \dots + 0 \cdot 0158 = 0 \cdot 320334$$

$$\sum bx = 0 \cdot 00924 + 0 \cdot 0204 + 0 \cdot 01748 + \dots + 0 \cdot 01134 = 0 \cdot 709039$$

Calcium Carbonate (c) –

$$\sum c = 3 \cdot 5 + 17 \cdot 0 + 8 \cdot 0 + \dots + 16 \cdot 0 = 389$$

$$\sum c^2 = 12 \cdot 25 + 289 + 64 + \dots + 256 = 3826$$

$$\sum cx = 0 \cdot 77 + 5 \cdot 1 + 1 \cdot 84 + \dots + 1 \cdot 44 = 76 \cdot 065$$

Quadro - IV

Precisão do método Ferroin para a determinação do boro disponível (solúvel em água) nos solos
Amostra analisada: J_4 do distrito de Nashik, Maharashtra, Índia

Sr. Não.	Absorvância a 516 nm	Quantidade de boro µg/g X_t	Desvio em relação à média $\lvert X_i - \bar{X} \rvert$	Desvio em relação à média $[X_i - \bar{X}]^2$
1	0-150	0^2025	0^0055	30^25 x 10^{-6}
2	0-140	04890	0^0080	64^00 x 10^{-6}
3	0-145	04960	0^0010	1'00 x 10^{-6}
4	0-140	04890	0^0080	64^00 x 10^{-6}
5	0-160	0^2160	0^0190	361'00 x 10^{-6}
6	0-135	04840	0^0130	169^00 x 10^{-6}
7	0-150	0^2025	0^0055	30^25 x 10^{-6}

Número de medições (N) = 7

$$\sum_{i=1}^{7} [X_i - \bar{X}]^2 = 79 \cdot 5 \times 10^{-6}$$

Valor médio $\bar{X} = 0 \cdot 197$

Desvio $\sigma^2 = 0 \cdot 00012$

Desvio padrão o = 0^0109

Variação em relação à média com um limite de confiança de 95%

$$= \pm 0 \cdot 0109 \times \frac{2 \cdot 45}{\sqrt{7}} = \pm 0 \cdot 009$$

Quadro - V

Precisão dos métodos de carmim para a determinação do boro disponível (solúvel em água) nos solos.

Amostra analisada: J_4 do distrito de Nashik, Maharashtra, Índia

Sr. Não.	Absorvância a 585 nm	Quantidade de boro $\mu g/g$ $*_i$	Desvio em relação à média $\lvert X_i - \bar{X} \rvert$	Desvio em relação à média $[X_i - \bar{X}]^2$
1	0^07	0^28	0-012	1-44 x 10 ^{4}
2	0^08	0^32	0^052	27^00 x 1 0 ^{4}
3	0'10	040	0-132	174^00 x 1 0 ^{4}
4	0^05	0^20	0^068	46^24 x 1 0 ^{4}
5	0^06	0^24	0^028	7^84 x 10 ^{4}
6	0^05	0^20	0^068	46^24 x 1 0 ^{4}
7	0^06	0^24	0^028	7^84 x 10 ^{4}

Número de medições (N) = 7

$$\sum_{i=1}^{7}[X_i - \bar{X}]^2 = 310{\cdot}60 \times 10^{-4}$$

Valor médio $\bar{X} = 0{\cdot}268$

Desvio $\sigma^2 = 0{\cdot}00518$

Desvio padrão $\sigma = 0{\cdot}072$

Variação em relação à média com um limite de confiança de 95%

$$= \pm\, 0{\cdot}072 \times \frac{2{\cdot}45}{\sqrt{7}} = \pm\, 0{\cdot}066$$

Quadro - VI

Comparação entre a precisão do método da ferroina e do carmim para a determinação de

Boro disponível (solúvel em água) nos solos

Amostra analisada: J4 do distrito de Nashik, Estado de Maharashtra, Índia.

N.º Sr.	Boro (pg/g)	
	Por Método Ferroin	Por Carmine Method

	0-2025	0^28
1	0-2025	0^28
2	04890	0-32
3	04960	040
4	04890	0-20
5	0^2160	0-24
6	04840	0-20
7	0-2025	0-24
Valor médio	0-197	0-268
Desvio padrão	0^0109	0^072

SOLOS DO DISTRITO DE PUNE

O teor de boro disponível nos solos do distrito de Pune, pelo método da ferroina e pelo método do carmim, com os respectivos dados físicos, é apresentado no Quadro - VII. Os dados são resumidos na Tabela - VIII, que mostra a gama de boro solúvel em água nos solos do distrito de Pune juntamente com as gamas correspondentes de pH, sais solúveis totais e carbonato de cálcio total. Em geral, o teor de boro solúvel em água dos solos varia entre 0^09 e 140 $\mu g/g$ com uma média de 0^74 $\mu g/g$ pelo método da ferroína, os resultados são também comparados pelo método do carmim. Mostra que o boro varia entre 0^08 e P35 $\mu g/g$ com o valor médio de 0^68 $\mu g/g$. As amostras número 10 e 13 foram analisadas quanto ao teor de boro total. Os valores de boro total foram de 21-46 e 2660 p,g/g, respetivamente, com uma média de 21 $\mu g/g$53 $\mu g/g$ pelo método da ferroina.

Os resultados do método do carmim mostram que os valores respectivos são 20 e 22 $\mu g/g$ com uma média de $21\mu g/g$. O boro solúvel em água nestes solos foi de 0^86 e 0^87 $\mu g/g$, respetivamente. Isso indica claramente que o boro solúvel em água nesses solos é de cerca de 4% do boro total, o que está de acordo com a proporção relatada por Koppova e Duchon [2] e Berger e Trough [3], que mostraram que geralmente menos de 5% do boro total nos solos está na forma disponível.

Quadro - VII

Boro disponível (solúvel em água) nos solos do distrito de Pune

Sr. Não.	Taluka	Aldeia	Inquérito Número da amostra	pH [a]	Sais solúveis totais % [b]	CaCO3 total % [c]	Boro disponível pg/g	
							Pelo método Ferroin (x)	Por Carmine Method

1	Ambegaon	Chas	-	8-1	0^043	9-0	0-81	0^60
2	Ambegaon	Palgaon	697	8-0	0^087	4-5	1-35	1-20
3	Ambegaon	Koregaon	-	8-1	0^080	7-0	1-40	1-35
4	Ambegaon	Nasodi	176	8-0	0^063	16-0	0^87	072
5	Khed	Agarwadi	205	6-7	0^037	4-0	0-81	0^80
6	Khed	Wada	-	7-2	0^034	5-5	040	040
7	Khed	Kadus	1080	8-2	0^048	7-0	0-61	0^60
8	Khed	Kadus	1039	8-1	0^033	7-5	0^82	0^80
9	Khed	Karnersar	-	8-0	0^065	28^5	0^62	079
10	Khed	Saigaon	-	8-1	0^048	4-5	0^86	0^80
11	Khed	Saigaon	-	7-3	0^087	4-0	0^69	0-51

12	Khed	Papadwadi	-	6^6	0-21	3-0	0^59	075
13	Khed	Pangri Butewadi	125	8-0	0 446	12-0	0^87	0^80
14	Khed	Solu	206	8-2	0 449	9-0	0^86	0^88
15	Khed	Ratewadi	-	8-1	0 ^039	5-0	0^86	076
16	Khed	Kelgaon	181	8-2	0 ^034	6-0	0^09	0^09
17	Khed	Alandi	37	6-9	0 -017	3-0	0^09	0^08
				$\sum a = 131{\cdot}8$	$\sum b = 0{\cdot}831$	$\sum c = 135{\cdot}5$	$\sum x = 21{\cdot}19$	
				$\sum a^2 = 1092{\cdot}7$	$\sum b^2 = 0{\cdot}47727$	$\sum c^2 = 1710{\cdot}25$	$\sum x^2 = 13{\cdot}2393$	

Quadro - VIII

Intervalos de boro disponível, boro total e sua análise física dos solos do distrito de Pune.

Sr.No.	Descrição	N.º de amostras analisadas	Gama	Média
1	Boro disponível por método Ferroin fag/g)	7		0-74
2	Boro disponível pelo método do carmim(kg/g)	17		0^68

3	Boro total pelo método da ferroina(Rg/g)	2		21^55
4	Boro total pelo método do carmim(Rg/g)	2		21-00
5	PH	17		7-8
6	% de sais solúveis totais	17		0^049
7	% de carbonato de cálcio	17		7-9

Quadro - IX

Comparação de relatórios sobre boro em solos da região de Pune-Bombaim.

Sr. Não.	Região	Boro disponível	Boro total	N.º de referência
1	Bombaim	0-1 a 0^60	-	3
2	Khandala Lonavala	0-11 a 1-55	7-9 a 12-5	4
3	Pune	0^09 a 1-40	21-46 e 21-60	Investigação atual

Bendale [4] estudou o teor de boro de 12 solos de algodão preto na região semiárida de Bombaim. Verificou que o boro solúvel em água se situa no intervalo de 04 a 0A0 µg/g. Iyer [5] estudou 12 amostras de Khandala e Lonavala do distrito de Pune relativamente ao boro solúvel em água, que variou de 0^11 a P55 µg/g com uma média de 0-61 µg/g.

Os dados relativos ao boro solúvel em água nos solos negros do distrito de Pune, tal como determinados por nós, estão em estreita concordância com os relatados por outros trabalhadores. (Tabela - IX)

Os dados acima mencionados são comparáveis com muitos estudos registados em diferentes partes da Índia. Sastry e Viswanath [6] analisaram 20 solos de Punjab, Sind e Bihar e concluíram que o boro era adequado. Verificou-se que alguns solos de Deli contêm, em média, 5µg/g de boro [7]. Mandal et al. [8] analisaram seis amostras de solos de Bihar, onde os valores se situavam no intervalo de 04 a 2-2 µg/g. Bhattacharjee [9] verificou que, nos solos de Murshidabad (West Bental), o boro solúvel em água variava entre 0-311 e (0946µg/g. Na região de Gujrat e Saurashtra, o teor de boro solúvel em água variava entre 0-311 e (0946).

o boro solúvel variou de 04 a 1-5 µg/g com uma média de 0^65 gg/g em 61 amostras analisadas [10].

Embora existam diferenças nos critérios sugeridos para os limites críticos do teor de boro disponível nos solos. Richards [11] afirma que a concentração abaixo de 0-7 µg/g de boro é provavelmente segura para plantas sensíveis; de 0-7 a 1·5 µg é marginal e mais de 1-5 não é seguro. Reeve et al. [12] definem a linha divisória entre solos adequados e deficientes em boro em 045 µg ' de boro solúvel em água.

De acordo com os limites críticos para o boro disponível propostos pela maioria dos investigadores, o solo do distrito de Pune é adequado para o boro solúvel em água.

pH-

O pH do solo do distrito de Pune varia entre 6^6 e 8-2, com uma média de 7-8, pelo que se pode concluir que o solo do distrito de Pune é de natureza alcalina.

Entre muitos factores que influenciam a disponibilidade de boro no solo, o mais importante é o pH do solo. Trough [13] demonstrou que a disponibilidade de boro aumenta à medida que o pH do solo aumenta até 5 e depois permanece constante até 7. Acima desse valor, ele se torna menos disponível. Acima do pH 8-5, novamente o boro se torna mais disponível. Jordan e Powers [14] também relataram que, em solos altamente alcalinos, o teor de boro disponível era alto. Scott et al. [15] mostraram que o aumento do pH do solo diminuiu o coeficiente de difusão aparente para o boro do solo. De acordo com Trough [16], o boro é abundante em solos alcalinos devido à falta de lixiviação. Olson e Berger [17] indicam que, acima do pH 8-5, o sódio e o cálcio deprimem a solubilidade e, por conseguinte, a disponibilidade do boro.

Vários trabalhadores registaram uma correlação positiva significativa entre o boro disponível e o pH do solo. Mathur et al. [18] obtiveram uma correlação positiva significativa entre o boro disponível e o pH dos solos irrigados, para os quais o pH variou de 7-8 a 8-2. Em solos de Pune, Patill e Shingte [19] descobriram que não há correlação significativa entre o boro solúvel em água e o pH do solo. Ghani e Haque

[20] e Gandhi & Mehta [10, 21] relataram que o pH aparentemente não tinha relação com o teor de boro solúvel em água dos solos de Bengala e Gujrat, respetivamente. No entanto, a nossa análise estatística dos dados mostrou um coeficiente de correlação positivo (r = +0-357) que sugere que existe uma correlação significativa ao nível de 5% [22] entre o pH e o boro solúvel em água em solos alcalinos do distrito de Pune.

Sais solúveis-

Outros factores também têm um efeito na disponibilidade de boro. Em solos de terra seca, o boro disponível existe na forma de sais de sódio que são altamente solúveis. Portanto, sob condições que incentivam a formação de solos alcalinos salinos, o boro também se move para cima junto com outros sais e é depositado na superfície. Kanwar e Singh [23] e Mair [24] referiram que o teor de boro solúvel em água do solo aumenta a condutividade eléctrica do extrato de saturação do solo. Obtiveram coeficientes de correlação que eram significativos ao nível de um por cento. No presente inquérito, os nossos dados estatísticos mostram que o coeficiente de correlação positivo não significativo entre o boro solúvel em água e os sais solúveis totais (r= +0^662).

Carbonato de cálcio

O carbonato de cálcio total do solo também é considerado um dos factores que influenciam a disponibilidade de boro. Berger e Trough [25] relataram que os solos que continham uma quantidade significativa de carbonato de cálcio eram invariavelmente baixos em boro disponível. No entanto, na presente investigação, os resultados não parecem sugerir qualquer relação deste tipo. Foi calculado um coeficiente de correlação entre os teores de boro solúvel em água e de carbonato de cálcio destes solos e verificou-se que não existia uma correlação significativa (4 = + 0^054).

Em geral, pode dizer-se que o solo de Ambegaon e Khed do distrito de Pune contém o boro solúvel em água a um nível de suficiência marginal e é alcalino. Não existe uma relação definida entre o boro solúvel em água e o carbonato de cálcio total.

SOLOS DO DISTRITO DE NASHIK

O teor de boro disponível (solúvel em água) dos solos do distrito de Nashik pelo método da ferroína e pelo método do carmim foi estimado com os seus dados físicos, é apresentado no Quadro - X. Os dados são resumidos no Quadro -XI, que mostra a gama do teor de boro solúvel em água dos solos de Niphad Taluka do distrito de Nashik, juntamente com as gamas correspondentes de pH, sais solúveis totais e carbonato de cálcio total. O boro solúvel em água dos solos de Niphad varia de 0^05 a 036 $\mu g/g$ com uma média de

valor de 020 $\mu g/g$ pelo método da ferroína e pelo método do carmim foi encontrado em

variam entre 035 e 048 $\mu g/g$ com um valor médio de $0·24 \mu g/g$. O boro total (sete), pelo método da ferrofina, variou entre 13-5 e 67-5 $\mu g/g$ com uma média de 3230 $\mu g/g$ e, pelo método do carmim, situa-se na gama de 13-60 a 7430 p,g/g com uma média de 3439 $\mu g/g$. As variações consideráveis nos teores totais de boro destas áreas de Nashik, embora derivadas do material de origem basáltico, indicam a influência de factores climáticos.

Ravikovitch [26] verificou que os teores totais de boro variavam entre 18 e 24 gg/g, com uma média de 21 gg/g nos solos do Negev, e os teores disponíveis variavam entre 04 e 1-2 µg/g , com uma média de 0-9 µg/g. . Swaine [27] afirmou que o teor médio de boro nos solos é de 2 a 100 µg/g e nos extractos de água de 04 a alguns g/g. Mathur et al., [18] calcularam o coeficiente de correlação entre o boro disponível e o boro total dos solos do Rajastão. Concluíram que não existe uma relação de boro entre o boro solúvel em água e o boro total. No presente inquérito, não se verificou que existisse uma relação entre o boro solúvel em água e o boro total no solo de Niphad (r = -P804). Koppova e Duchon [2] e Berger e Troug [3] demonstraram que, geralmente, menos de cinco por cento do boro total nos solos se encontra na forma disponível. No entanto, na presente investigação, o boro solúvel em água é de 048% do boro total, o que pode dever-se ao facto de o boro estar presente em grande parte como turmalina e não estar prontamente disponível.

De acordo com os limites críticos para o boro disponível propostos pela maioria dos investigadores, o solo de Niphad é deficiente em boro solúvel em água.

pH-

Mitchell [28] afirma que o nível de deficiência depende das condições de extração e de factores do solo como o pH. O pH do solo de Niphad varia entre 7-4 e 8-5, com uma média de pH 8. Nesta gama, o boro disponível nos solos é mínimo [16], o que atribui a deficiência de boro em Niphad. Em solos alcalinos, o boro disponível é convertido em duas fracções temporariamente indisponíveis de orgânico e inorgânico, que também estão em equilíbrio com as formas disponíveis. No entanto, em condições alcalinas, a tendência é para se deslocar para as formas temporariamente indisponíveis.

A nossa interpretação estatística mostra que existe um coeficiente de correlação insignificante entre o pH do solo e o boro solúvel em água (r=+0415). Esta falta de relação pode dever-se ao facto de o pH não ser o único fator que afecta a disponibilidade. Outros factores também têm um efeito na disponibilidade de boro. Se esses fatores não forem mantidos constantes, esse comportamento pode ser esperado. Ghani e Haque [20], e Gandhi e Mehta [10, 21] também relataram que o pH aparentemente não tinha relação com o teor de boro solúvel em água dos solos de Bengala e Gujrat, respetivamente.

Sais solúveis totais-

Em solos de terra seca, o boro disponível existe sob a forma de sais de sódio que são altamente solúveis. Portanto, sob condições que incentivam a formação de solos salino-alcalinos, o boro também se move para cima junto com outros sais e é depositado na superfície. Kanwar e Sing [23] e Mair [24] relataram que o teor de boro solúvel em água do solo aumentou com um aumento na condutividade eléctrica do extrato de saturação do solo. Obtiveram coeficientes de correlação que eram significativos ao nível de um por cento. Gandhi e Mehta [21] também comunicaram que os solos salinos de
Gujrat e Saurshtra continham muito mais boro solúvel em água do que os solos não salinos da mesma zona. Paliwal e Anjaneyulu [29] e Nathani et al. [30] comunicaram que a condutividade eléctrica está positivamente correlacionada com o boro disponível

nos solos. Rawat e Mathpal [31] também comunicaram a relação positiva entre o boro solúvel em água e a condutividade eléctrica nos solos de U.P. Hills. No presente inquérito, o coeficiente de correlação entre os sais solúveis e os teores de boro solúvel em água destes solos de Niphad foi considerado não significativo (r=+0^087). A gama de sais solúveis varia entre 0^025 e 0^15 por cento de uma média de 0^082 por cento.

Carbonato de cálcio

O carbonato de cálcio do solo também é considerado um dos factores que influenciam a disponibilidade de boro. Moghe e Mathur [32] e Baser e Saxena [33] obtiveram uma correlação positiva entre o boro disponível e o carbonato de cálcio. Berger e Trough [25] relataram que os solos que continham uma quantidade significativa de carbonato de cálcio eram invariavelmente baixos na forma disponível. Muitos trabalhadores de fora da Índia relataram que os solos que contêm uma quantidade significativa de cal são geralmente baixos em boro disponível. Bhattacharjee [9], Gandhi e Mehta [10,21], Mathur et al., [18], Nathani et al. [34] e Grewal et al. [35], trabalhando com solos de Bengala, Gujrat, Rajastão e Punjab, respetivamente, não encontraram uma relação significativa entre o carbonato de cálcio e o teor de boro solúvel em água dos solos.

No presente inquérito, os resultados não parecem sugerir qualquer relação. Foi calculado um coeficiente de correlação entre os teores de boro solúvel em água e de carbonato de cálcio destes solos e verificou-se que não existe uma correlação significativa (r = +0^0124).

Em geral, para o solo de Niphad, não existe qualquer relação distinta com um fator isolado, mas parece que a ação integrada de todos os factores, tais como o pH, os sais duplos e o carbonato de cálcio, tal como demonstrado por Sastri e Vishwanath [6], a natureza da água de irrigação e os tratamentos mensais dados ao solo, têm uma influência na disponibilidade de nutrientes nos solos.

O clima de Niphad Taluka, que pertence ao distrito de Nashik, é do tipo semiárido. Existe um declive contínuo de norte para sul e depois para sudeste. Este facto pode ser atribuído à maior taxa de lixiviação e lavagem de micronutrientes dos solos superficiais devido às chuvas intensas e ao maior grau de inclinação.

Quadro - X

Boro disponível (solúvel em água) e análise física dos solos de Niphad Taluka, distrito de Nashik, Maharashtra, Índia.

Sr. Não.	Taluka	Inquérito/Número da amostra	pH (a)	Sais solúveis totais % (b)	CaCO3 total % (c)	Boro disponível ugg	
						Pelo método Ferroin (x)	Por Carmine Method

18	Pimplagaon	J13	7-7	0^042	3-5	0^22	0^24
19	Pimplagaon	J14	8-1	0^068	17-0	0-30	0^24
20	Dewachiwadi	J15	8-4	0^076	8-0	0^23	0-36
21	Pimplagaon	J16	8-0	0^065	9-0	0-19	040
22	Ahergaon	J17	8-0	0^088	8-0	044	042
23	Pimplagaon	J18	8-0	0^064	8-0	042	040
24	Pimplagaon	J19	8 -2	0^074	8-5	0^20	0^24
25	Pimplagaon	J20	8 -1	0-071	9-0	0-18	0^28
26	Ahergaon	J21	8 -0	0-116	8-0	0-21	0^24
27	Pimplagaon	J22	7-8	0^058	5-0	0-17	044
28	Pimplagaon	J23	8-0	0^083	12-0	0^20	044

29	Pimplagaon	J24	8-0	0^080	7-0	0-19	048
30	Pimplagaon	J25	7-8	0-104	5-0	0-18	044
31	Pimplagaon	J26	8-1	0-115	8-5	0^20	042
32	Antarwadi	J27	8-0	0-102	9-0	0-16	046
33	Pimplagaon	J28	8-1	0^068	9-5	0-18	042
34	Pimplagaon	J29	7-6	0^066	3-0	0-19	044
35	Pimplagaon	J30	8-3	0-081	8-5	0-18	044
36	Kokangaon	J31	7-4	0^080	2-0	0-18	044
37	Pimplagaon	J32	8-3	0^060	7-5	0-16	040
38	Pimplagaon	J33	7-4	0^054	7-0	0-36	042
39	Pimplagaon	J34	8-1	0^078	8-0	044	046

40	Pimplagaon	J35	7-9	0-150	9-0	045	048
41	Pimplagaon	J36	8-0	0-081	9-0	0-14	0-14
42	Pimplagaon	J37	7-4	0^057	5-0	0^07	0-08
43	Dharangaon	J38	8-0	0^097	10-0	0-14	040
44	Pimplagaon	J39	8-5	0^079	17-5	0-19	042
45	Pimplagaon	J40	8-3	0^065	14-0	0-18	044
46	Ahergaon	J41	7-9	0^099	12-0	0^20	040
47	Ahergaon	J42	8-1	0^073	7-0	0-15	040
48	Pimplagaon	J43	7-8	0^096	6-0	0-19	046
49	Pimplagaon	J44	7-4	0^050	11-5	0^20	0-12
50	Antarwadi	J45	7-9	0-104	9-0	044	048

51	Pimplagaon	J46	7-9	0-107	8-0	0^24	048
52	Pimplagaon	J47	8-3	0^097	14-0	0^22	040
53	Pimplagaon	J48	7-8	0^068	15-0	0^24	040
54	Pimplagaon	J49	8-0	0-104	7-0	0-16	042
55	Pimplagaon	J50	8-0	0^052	7-0	0-14	0-16
56	Pimplagaon	J51	8-0	0^067	7-0	0^09	0-12
57	Pimplagaon	J52	7-5	0^025	4-0	0^07	0-16
58	Ahergaon	J53	8-1	0-073	11-0	0-14	0-16
59	Pimplagaon	J54	7-7	0-107	11-0	0-12	0-07
60	Pimplagaon	J55	7-5	0-126	7-0	0-05	1-10
61	Pimplagaon	J56	8-1	0-126	16-0	0-09	0-05

$\sum a$= 349·5	$\sum b$=3·596	$\sum c$= 389	$\sum x$=8·59
$\sum a^2$=2779·37	$\sum b^2$=0·320334	$\sum c^2$=3826	$\sum x^2$=1·9247

Quadro - XI

Intervalos de boro disponível, boro total e respectiva análise física dos solos de Niphad Taluka, distrito de Nashik, Estado de Maharashtra, Índia.

Sr. Não.	Descrição	N.º de amostras	Gama	Média
1	Boro disponível p,g/g (Método Ferroin)	44	0^05 a 0-36	0^20
2	Boro disponível p,g/g (método do carmim)	44	0^05 a 048	0^24
3	Boro total p,g/g (método Ferroin)	7	13-5 a 67^50	32-90
4	Boro total p,g/g (método do carmim)	7	13-60 a 74^00	34-99
5	pH	44	7-4 a 8-5	8
6	% de sais solúveis totais	44	0^025 a 0-15	8

7	% de carbonato de cálcio	44		2 '0 a 17 '0	8-8

SOLOS DO DISTRITO DE BANGLORE-

Nove amostras de solo da quinta de Devenhalli, em Banglore, foram analisadas em relação ao boro solúvel em água, ao pH, aos sais solúveis e ao carbonato de cálcio total, como indicado no quadro - XII.

O boro solúvel em água não foi detectado. O pH do solo da quinta de Devenhalli varia entre 4^8 e 7-3, com um valor médio de 6^2, o que significa que o solo tem um carácter altamente ácido.

Devido à natureza ácida do solo, o boro pode não estar prontamente disponível no extrato de água quente. A ausência de carbonato de cálcio total também pode ser atribuída à natureza ácida do solo. A percentagem de sais solúveis totais das seis amostras de solo, de um total de nove, varia entre 0^022 e 0^053, com uma média de 0^034, tendo-se verificado que é muito inferior no pH neutro 7 e no pH ácido 4^8. Os valores baixos de boro disponível, pH e teor de sal podem também ser atribuídos à natureza arenosa das amostras de solo.

Quadro - XII

Dados físicos dos solos da quinta de Devenhalli, Banglore.

Sr. Não.	Inquérito/Número da amostra	pH	Sais solúveis totais %	CaCO3 total %	Boro solúvel em água	
					Por Método Ferroin	Por Carmine Method
1	Gr I1	6-5	0-029	ND	ND	ND
2	Gr I2	5-9	0-046	ND	ND	ND
3	Gr I3	-	-	ND	ND	ND
4	Gr II1	5-8	0-027	ND	ND	ND
5	Gr II2	4-8	0-053	ND	ND	ND
6	Gr II3	7-3	-	ND	ND	ND

7	Gr III1	7-0	0-22	ND	ND	ND
8	Gr III2	-	0-24	ND	ND	ND
9	Gr III3	-	-	ND	ND	ND

SOLOS DO DISTRITO DE BHOPAL-

As duas amostras de solos de Bhopal foram analisadas em relação ao boro solúvel em água e os seus dados físicos, como o pH, a percentagem total de sais solúveis e a percentagem total de carbonato de cálcio, são apresentados no Quadro - XIII.

Os valores do boro solúvel em água são $0^{\wedge}13$ e 0-16 $\mu g/g$ com uma média de 0-17 $\mu g/g$ pelo método da ferroina e pelo método do carmim são 042 e 040 $\mu g/g$ respetivamente com uma média de 046 $\mu g/g$.

Os valores de pH para o solo de Bhopal são 7-5 e 8; isso mostra que o solo é altamente alcalino. Os nossos dados de análise estatística mostram que existe uma relação positiva significativa entre o pH e o boro disponível. Para o boro total, foi analisada uma amostra, que se revelou ser de 2245 $\mu g/g$ e 2840 $\mu g/g$ pela ferroína e pelo carmim
respetivamente.

Os sais solúveis totais são de 0-317 e 0493 %. O teor de carbonato de cálcio é suficiente, sendo de 5 e 7-5 por cento, com uma média de 645 por cento. Em comparação com os limites críticos comunicados [10,11], propostos por muitos investigadores, o solo de Bhopal é deficiente em boro solúvel em água. É necessário adicionar o boro na forma disponível para satisfazer as necessidades adequadas das culturas.

Quadro - XIII

Boro disponível (solúvel em água) e sua análise física dos solos de Bhopal.

Sr. Não.	Inquérito/Número da amostra	Sais solúveis totais (%)	CaCO3 total (%)	Disponível (solúvel em água) Boro $\mu g/g$	
				Por Método Ferroin	Por Carmine Method
1	A	7-9	0-317	0-18	042
2	B	8-0	0493	0-16	0-30

Quadro - XIV

Coeficiente de correlação (r) do boro disponível com diferentes parâmetros.

Sr. Não.	Distrito@	N.º de amostras	Total Boro	pH	Sais solúveis totais (%)	CaCO3 total (%)
1	Pune	17	-	+0-357	+0-662	+0-054
2	Nashik	44	-1-804"	+0-115	+0-087	+0-012
3	Para todas as amostras	juntos	-0-333	+0-022	+0-062	-0-034

@ - o boro disponível em todas as amostras de Banglore não é detetável, pelo que não foi possível calcular o coeficiente de correlação
b - O número de amostras é de apenas 7.

Boro total e boro solúvel em água-

Na Tabela - XV, são tabulados os resultados do boro total e do boro disponível. A gama de boro total varia entre 13-50 e 6750 $\mu g/g$, com uma média de 2953 $\mu g/g$, e o

O boro solúvel em água varia entre 055 e 1-4 $\mu g/g$, com uma média de 044 $\mu g/g$. Ramamoorthy e Viswanath [36], que estudaram o teor total de boro em quarenta solos representativos da Índia, indicam uma gama de 7 a 80 $\mu g/g$, com uma média de 37^2

$\mu g/g$. Verificaram que 875 % dos solos estudados continham 15 a 575 $\mu g/g$ com uma média de 36-7 $\mu g/g$. Iyer [5] verificou que o boro total dos solos da Índia Ocidental variava entre 4 e 68 $\mu g/g$ com uma média de 265 $\mu g/g$ e que o boro solúvel em água variava

de 055 a 44 $\mu g/g$ com uma média de 0-76 $\mu g/g$. Os valores para o boro total registados no presente inquérito, tal como acima referido, são inferiores aos do primeiro relatório [36]. No entanto, está de acordo com este último[5].

O teor total de um nutriente serve de reserva e, nalguns casos, está relacionado com a disponibilidade do nutriente. Baser e Saxena [33], Singh e Singh [37] encontraram uma correlação positiva entre o boro total e o boro disponível nos solos. No entanto, Mathur et al

[18] calcularam o coeficiente de correlação entre o boro disponível e o boro total dos solos do Rajastão. Concluíram que não existia qualquer relação entre o boro disponível e o boro total. Embora as duas amostras de Pune apresentem 4% de boro disponível do boro total, aparentemente não existe qualquer relação entre o boro solúvel em água e o boro total no presente inquérito. O coeficiente de correlação (r= -0-333), que mostra que a correlação é insignificante.

pH do solo e boro disponível-

Não existe qualquer relação entre o pH do solo e o boro solúvel em água. O coeficiente de correlação foi calculado e foi considerado não significativo (r=+0^022). No entanto, este facto não apresenta uma imagem verdadeira da influência do pH na disponibilidade de boro. A gama de boro disponível em diferentes valores de pH dos solos encontrados na presente investigação é apresentada na Tabela - XVI.

Os dados revelam as variações extremas nas quantidades de boro disponível em diferentes valores de pH. Na gama ácida até ao pH 64, a disponibilidade de boro solúvel em água não foi detectada, mas acima deste pH, variando entre 64 e 7-0, pH neutro, a disponibilidade parece ser elevada 0-81 $\mu g/g$. Entre a gama de pH 7-1 e 7-5, as quantidades de boro disponível diminuem de 0^05 para 046 $\mu g/g$ com uma média de 0-19 $\mu g/g$, mas

regista novamente um aumento entre a gama de pH 7-6 a 84 de 049 a 1-35 $\mu g/g$ com uma média de 047 $\mu g/g$. Isto pode ser devido à baixa percentagem de cálcio carbonato, 044% que presumivelmente complexam o boro disponível em formas não libertadas pela extração com água quente.

O boro solúvel em água aumenta novamente entre o intervalo de pH 7-6 e 84, sendo de 047 $\mu g/g$, , o que é quase 1-5 vezes superior ao valor de 0-19 $\mu g/g$ para na gama de pH neutro, ou seja, de 7-1 a 7-5. Na gama de 84 a 8-5 é mais elevada, 047 $\mu g/g$, é duas vezes mais elevada na gama de pH neutro. Esses resultados são quase semelhantes aos relatados na literatura [38,39]. As quantidades mais elevadas de boro disponível encontradas acima do pH 84 podem ser atribuídas à formação de boratos de cálcio e de sódio. Trough [13] mostrou que a disponibilidade de boro aumenta à medida que o pH aumenta até 5 e permanece constante até pH 7. Acima desse intervalo, ele se torna menos disponível, mas novamente sua disponibilidade aumenta acima de pH 8-5. Jordan e Powers [14] também relataram que, em solos altamente alcalinos, o teor de boro disponível era alto. Gandhi e Mehta [10,21] descobriram que nos solos de Gujrat e Saurshtra, a disponibilidade é maior entre o pH 7-6 e 7-8, mas acima do último valor, as quantidades de boro disponível diminuíram em 50% e permaneceram mais ou menos constantes até o pH 84. Bhattacharjee [9] constatou que a disponibilidade de boro diminuiu acima do pH 84 e abaixo de 64 nos solos de Murshidabad em Bengala Ocidental. Esses trabalhadores, no entanto, relataram que seus dados estatísticos mostraram uma correlação negativa e insignificante entre o boro disponível e o pH do solo. Ghani e Haque [20] também relataram que o pH aparentemente não tinha relação com o teor de boro solúvel em água dos solos de Bengala. Satyanarayana [40] encontrou quantidades elevadas de boro solúvel em água nos solos do deserto da Índia (1-9 a 124 $\mu g/g$) no alcalina (pH 7-7 a 8-9), mas não observou qualquer relação estatística.

Conclui-se, portanto, com base nos dados apresentados no Quadro - XVI, que a disponibilidade de boro é principalmente regida pela concentração de sais solúveis, a presença de quantidades consideráveis de carbonato de cálcio nos solos pode também desempenhar um papel significativo na redução da disponibilidade.

Quadro - XV

Boro total e boro disponível (solúvel em água) nos solos.

Sr. Não.	Distrito	Inquérito /Número da amostra	Boro disponível		Boro total $\mu g/g$		%ratio _ boro disponível/ t boro total	
			Por Método Ferroin	Por Carmine Method	Por Método Ferroin	Por Carmine Method	Por Método Ferroin	Por Carmine Method
1	Pune	10	0^86	0^80	2146	22-00	4-01	344
2	Pune	13	047	0^80	2140	20-00	4-03	400
3	Nashik	Ji	0'17	042	13-77	18-40	1-23	*17*
4	Nashik	J3	0'19	0'28	18-36	16-00	1-03	1-75
5	Nashik	J4	0'18	044	13-50	13-60	1'33	*17*
6	Nashik	J13	044	046	31-52	32-56	1-08	1'10
7	Nashik	J17	0'14	0'20	3446	34^40	040	048
8	Nashik	J21	0'15	0'20	51-30	56^00	049	046
9	Nashik	J31	007	0-16	67-50	74^00	0'10	0-21
10	Bhopal	A	0'18	042	*229*	28-00	0-78	0-78

Sais solúveis e boro disponível-

A nossa análise estatística mostra que não existe qualquer relação entre os sais solúveis e o boro solúvel em água. O coeficiente de correlação foi considerado não significativo (r = +0362).

Em solos secos, o boro disponível existe na forma de sais de sódio que são altamente solúveis. Portanto, em condições que incentivam a formação de solos alcalinos salinos, o boro também se move para cima junto com outros sais e é depositado na superfície. Kanwar e Singh [23], e Mair [24] relataram que o teor de boro solúvel em água do solo aumentou com um aumento na condutividade eléctrica do extrato de saturação do solo. Obtiveram coeficientes de correlação que eram significativos ao nível de um por cento. Paliwal e Anjaneyulu [29] e Nathani et al. [30] referiram que a condutividade eléctrica se correlacionava positivamente com o boro disponível nos solos. No entanto, não há influência dos sais solúveis na disponibilidade de boro nos solos. Na Tabela - XVI, é apresentada a gama de sais solúveis e a disponibilidade de boro dos solos estudados na presente investigação.

A partir da Tabela - XVII, pode ser visto que, a uma baixa percentagem de sais solúveis totais abaixo de 0320, o boro disponível foi encontrado para ser 039 $\mu g/g$. No intervalo entre
0321 a 0340 % de sais solúveis totais o boro disponível varia entre 037 e 036 p,g/g de uma média de 032 $\mu g/g$, é seis vezes superior ao valor de 039 $\mu g/g$
boro solúvel em água que era inferior a 0320 % do total de sais solúveis. No intervalo de 0341 a 030 % de sais solúveis, a disponibilidade de boro solúvel em água diminui no intervalo de 032 a 047 $\mu g/g$ com um valor médio de 039 $\mu g/g$. No intervalo de 0^61 a 040 % e de 0^081 a 0300 % de sais solúveis totais, a disponibilidade de boro solúvel em água varia de 039 a 1-4 $\mu g/g$ com uma média de 030 $\mu g/g$ e
variam de 034 a 1^35 $\mu g/g$ com uma média de 031 p,g/g, respetivamente. Nas gamas entre 0301 a 0350 % e 0300 a 0325 %, o boro disponível varia entre 039 e 035 $\mu g/g$ com um valor médio de 030 $\mu g/g$ e 036 a 038 $\mu g/g$ com o valor médio de
0-17 $\mu g/g$ de boro solúvel em água.

No presente inquérito, a disponibilidade de boro solúvel em água 032 $\mu g/g$ foi elevada no intervalo entre 0321 e 0340 % de sais solúveis. O aumento da percentagem de sais solúveis diminui a disponibilidade de boro solúvel em água e, abaixo deste intervalo, a disponibilidade de boro solúvel em água diminui rapidamente.

Os nossos dados estatísticos mostram que não existe uma relação significativa entre os sais solúveis e o boro solúvel em água.

Conclui-se, portanto, que a disponibilidade de boro pode estar presente nas formas orgânicas e inorgânicas indisponíveis, que não podem ser extraídas pela água quente, enquanto a disponibilidade de carbonato de cálcio nos solos pode também desempenhar um papel significativo na redução da disponibilidade.

Quadro - XVII

Intervalos de Sais Solúveis e Boro Disponível de Solos, estudados em diferentes partes da Índia.

Intervalos de % de sais solúveis totais	Intervalos de boro disponível p,g/g	Média de boro disponível µg/g
Abaixo de 0420	049	049
0-021 a 0440	047 a 046	042
0-041 a 0460	042 a 047	049
0-061 a 0480	049 a 0-40	040
0-081 a 0-100	0-14 a 1-35	0-31
0-101 a 0-150	049 a 045	040
0400 a 0425	0-16 a 0-18	0-17

Carbonato de cálcio e boro disponível-

Os nossos dados de análise estatística mostram que não existe uma relação entre o carbonato de cálcio e o boro solúvel em água. O coeficiente de correlação foi negativo (r = -0434), o que mostra que a correlação não é significativa.

Foi relatado por trabalhadores de fora da Índia que os solos que contêm uma quantidade significativa de cal são geralmente baixos em boro disponível. Moghe e Mathur [32] e Baser e Saxena [33] encontraram uma correlação positiva entre o boro disponível e o teor de carbonato de cálcio do solo. No entanto, muitos trabalhadores [9, 19, 34, 35] não encontraram uma relação estatisticamente significativa entre o carbonato de cálcio e o teor de boro solúvel em água do solo. Os intervalos de boro disponível e carbonato de cálcio são apresentados na Tabela - XVIII.

A partir da Tabela - XVIII, parece que, entre o intervalo de 11 a 15 por cento de carbonato de cálcio, a disponibilidade do boro varia de 044 a 047 $\mu g/g$ com uma média de 046 $\mu g/g$. . Abaixo e acima deste intervalo, a disponibilidade de boro solúvel em água

boro aumenta de forma constante. Na presente investigação, entre o intervalo acima de 21% de carbonato de cálcio, a disponibilidade do boro solúvel em água é mais elevada 042 $\mu g/g$. Em geral, não existe qualquer relação entre o boro disponível e o carbonato de cálcio.

Em conclusão, o método do borodisalicilato de ferroína deve ser utilizado para a estimativa do boro disponível nos solos. Tem muitas vantagens, tais como ser preciso, rápido, seletivo, sensível e, além disso, as medições de absorvância são efectuadas em fase clorofórmica e a extração do solvente é realizada a partir de um meio aquoso de pH 5-5. A partir da análise estatística, embora se tenha obtido uma correlação entre o boro disponível e o pH dos solos do distrito de Pune, não se observou qualquer correlação entre o boro disponível e outros parâmetros físicos, como o pH, o sal solúvel e o carbonato de cálcio total para outras amostras.

RESUMO

Ao serviço do interesse da produção vegetal, a análise do solo tem dois objectivos principais: estabelecer a aptidão e o potencial produtivo de um terreno dedicado a um determinado tipo de cultura vegetal; e diagnosticar deficiências ou condições deletérias, inerentes ou adquiridas, do coberto vegetal.

Na maioria dos casos, a avaliação da capacidade produtiva de um solo é efectuada de forma satisfatória através da determinação dos teores físicos e de nutrientes dos solos. Nas últimas três décadas, os métodos de determinação dos nutrientes passaram de procedimentos gravimétricos e volumétricos morosos para técnicas instrumentais mais rápidas e mais sensíveis. No entanto, faltam métodos sensíveis, selectivos e rápidos.

No presente estudo, para a determinação do boro a partir do extrato do solo, foi utilizado o método espetrofotométrico, baseado na extração do boro com ferroína em clorofórmio como um complexo borodisalicilato de ferroína, sendo depois o boro estimado por medições fotométricas directas do extrato colorido. O boro disponível, o boro total (apenas em 10 amostras), o pH, o carbonato de cálcio total e os sais solúveis totais foram determinados em 71 amostras de solo de diferentes partes da Índia. Foram efectuados cálculos estatísticos para encontrar a correlação de outros factores com a disponibilidade de boro.

O primeiro capítulo da tese trata de uma introdução. Os efeitos da deficiência e toxicidade do boro presente no solo e os seus efeitos nas culturas são também discutidos. A relação entre o boro e os parâmetros físicos do solo foi discutida de forma sucinta.

O segundo capítulo trata da parte experimental do trabalho. Inclui produtos químicos, solventes e instrumentos que foram utilizados para fins experimentais, procedimentos seguidos para estimar o boro disponível, o boro total, o pH, os sais solúveis totais e o carbonato de cálcio total. A amostragem do solo foi abordada neste capítulo. As amostras de solo foram recolhidas em garrafas de polietileno limpas, em diferentes distritos da Índia, nomeadamente Pune, Nashik, Banglore e Bhopal. O solo foi seco ao ar, triturado e bem peneirado (100 mesh). Estas amostras de solo finamente peneiradas foram utilizadas para as análises posteriores.

A extração, a determinação espectrofotométrica do boro e os resultados das amostras de solo analisadas foram discutidos no Capítulo III. O boro pode ser extraído quantitativamente por ferroína utilizando clorofórmio como solvente orgânico, a partir do extrato aquoso de um solo. O espetro de absorção do complexo borodisalicilato de ferroína em clorofórmio mostra um pico de absorção intenso a 516 nm. A absorvência molar é de 9200 l mole-1cm^{-1}. A lei de Beer é cumprida no intervalo de 0^135 a 0^91 $\mu g/cm^3$. Os efeitos de interferências de iões estranhos podem ser mascarados pela adição de 05 cm^3 de solução de EDTA a 1%. A precisão e exatidão do método da ferroina e do método do carmim para o boro solúvel em água foram testadas através da análise da amostra de solo número J4, sete vezes por cada método. Verificou-se que, pelo método da ferroína, a média das sete determinações é de 0-197 $\mu g/g$, que varia entre 0^184 e 0416 $\mu g/g$. A média da variação foi de ±0509 no limite de confiança de

95% e o desvio padrão é de 05109. E pelo método do carmim varia entre 040 e 040 $\mu g/g$ de uma média de 0468 $\mu g/g$. A variação em relação à média foi de ±0566 a 95% de confiança
e o desvio padrão é de 0-72. Verificámos que o método da ferroína é mais preciso do que o método do carmim.

No capítulo III, os resultados da análise de amostras de solo para o boro disponível e para o boro total pelo método da ferroína são comparados com os valores obtidos pelo método do carmim. Além disso, o pH, os sais solúveis totais e o carbonato de cálcio total são discutidos em função dos distritos, nomeadamente Pune, Nashik, Banglore e Bhopal. A análise de correlação dos dados foi efectuada entre os parâmetros como o boro total, o pH, os sais solúveis e a percentagem de carbonato de cálcio total.

As dezassete amostras de solo do distrito de Pune foram analisadas quanto ao boro disponível e aos parâmetros físicos. Duas amostras de solo, as 10 e 13, foram analisadas quanto ao boro total. Com base na análise, verificámos que os solos do

distrito de Pune contêm o boro solúvel em água (média ()- 74 e 048 $\mu g/g$ por ferroína e
método do carmim, respetivamente) a um nível de suficiência marginal e é de natureza alcalina com um pH médio de 7-8. Verificou-se que o boro disponível era 4% do boro total. Utilizando uma análise de correlação de dados, verificámos que os solos do distrito de Pune têm uma relação definitiva entre o boro disponível e o pH, r = + 0557, o que sugere que existe uma correlação significativa ao nível de 5%.

As 44 amostras de solo de Niphad Taluka do distrito de Nashik foram analisadas quanto ao boro disponível, aos parâmetros físicos e ao boro total. Os resultados indicam que o solo do distrito de Nashik é altamente alcalino, com pH 8, e é deficiente em boro

solúvel em água, com uma média de 040 e 044 $\mu g/g$ pelo método da ferroína e pelo método do carmim, respetivamente. Verificou-se que o boro disponível corresponde a 058% do boro total. Com base na análise de correlação, não existe qualquer relação distinta com um fator isolado, mas parece ser a ação integrada de todos os factores, como o pH, os sais solúveis e o carbonato de cálcio.

Foram analisadas nove amostras de solo de Devenhalli Farms de Banglore. Verificou-se que o boro solúvel em água e o carbonato de cálcio total não eram detectáveis.
O solo é de natureza altamente ácida, com um pH médio de 6^2. O teor mais baixo de sal pode ser atribuído à natureza arenosa das amostras de solo.

Foram analisadas duas amostras de solo de Bhopal. Verificou-se que o solo é deficiente em boro solúvel em água. Uma amostra foi analisada quanto ao boro total. Verificou-se que o solo era altamente alcalino.

Por último, foram discutidos os resultados do conjunto das amostras de solo. Não foi possível encontrar qualquer relação entre o boro disponível e os parâmetros físicos, exceto no caso dos solos do distrito de Pune, em que existe uma relação definitiva entre o boro disponível e o pH. O coeficiente de correlação é r = +0-357, o que sugere uma correlação significativa ao nível de 5%.

REFERÊNCIAS

Lyon TL, Buckman HO e Brady NC; "The Nature and Properties of Soils", 5th Ed., The McMillan Co., New York, 1952.

Swanson CLW; "Soil Fertility", Handbook of Food and Agriculture, 21-72 (1955).

Miller EC; "Soil fertility", John Wiley and Sons, Nova Iorque, Chapman and Hall Ltd., Londres (1955).

Swaine JD; "The Trace Element Content of Soils", C.A.B. Farnham Royal, Bucks, Inglaterra (1955).

Mitchell RL; "Trace Elements", A.C.S. Monograph, Reinhold Publishing Corporation No. 126, 253 - 285 (1955).

Aubert H e Pinta M; "Trace Elements in Soils", Elsevier Scientific Publishing Co., Amesterdão (1977).

Clarke FW; Bull. U.S. Geol. Survey, 5th Ed., 770 (1924).

Sandell EB e Coldich SS; J. Geol., 51, 98-117; 167-189 (1954).

Goldschmidth VN; "Geochemistry", Clarendon Press, Oxford (1954).

Jacks GV e Sherbatoff H; Imp Bureau of Soil Sci. Tech. Comm., 39, 86 (1940).

Berger KC e Trough E; J. Amer. Soc. Agron, 32, 297-301 (1940).

Berger KC; Advances Agron, 1, 321 - 351 (1949).

Koppova A e Duchon F; Sbornik Ceskoslov. Akad. Zemedelske, 22, 58-64 (1949).

Whetstone RR, Robinson WO e Bayers HO; Bull. Tech. U.S. Dep. Agric, 397, 32 (1942).

Hirai K; J. Faculty, Agr. Kyushu Univ., 9, 83-91 (1948).

Berger H; Kgl Norske Videnskab Selskabs, Skrefter, 3, 66 (1948).

Reeve E, Prince AL e Bear FS; Bull. N. J. Agric. Expt. Sta., 709, 26 (1944).

Parks R.Q. e Shaw BT; Proc. Soil Sci. Soc. America, 6, 219-223 (1941).

Magisted OC e Christiansen JE; US Dept. Agric. Circ., 707, 32 (1944).

Reeve RC, Pillsbury AF e Wilcox LV, Hilgardia, 24, 69-91 (1955).

Satyanarayan Y; Bombay Georg. Mag., 5, 53-58 (1958).

Satyanarayan Y; Indian Cotton Growing Rev., 12, 1-4 (1958).

Atkinson HJ, Giles GR e MacLean AJ; Canad. J. Agric. Sci., 33, 116-124 (1953).

Rogers HT; J. Amer. Soc. Agron., 39, 914-928 (1947).

Stinson CH; Soil Sci., 75, 31-36 (1953).

Baird GB; 1952 (Citado de Baker AS e Cook RL, 1956).

Baker AS 1955 (Citado de Baker AS e Cook RL, 1956).

Baker AS e Cook RL; Agron. J., 48, 564-568 (1956).

Dennis RWG, Science Prog., 32, 58-69 (1937).

Thompson LM, "Soil and Soil Fertility", McGraw Hill Book Co. Inc., Nova Iorque (1952).

Eaton FM e Wilcox LV; U.S. Dept. Agric. Tech. Bull, 696, 1-57 (1939).

Mathur CM, Moghe VB e Talati NR; J. Indian Soc. Soil Sci., 12, 319-324 (1964).

Bhattacharjee JC; J. Indian Soc. Soil Sci., 4, 161-166 (1956).

Baser BL e Saxena SN; J. Indian Soc. Soil Sci., 15, 135-140 (1967).

Moghe VB e Mathur CM; Soil Sci. And Pl. Nutrn., 12(3), 11-14 (1966).

Midgley AR e Dunklee DE; Proc. Soil Sci. Soc. Amer., 4, 302-307 (1939).

Parks WL e White JL; Proc. Soil Sci. Soc. Amer., 16, 298-300 (1952).

Page NR e Paden WR; Soil Sci., 77, 427-434 (1954).

Naftel JA; Amer. Fert., 89, 5-8 & 26 (1938).

Wolf B.; Soil Sci., 50, 209-216 (1940).

Midgley AR e Dunklee DE; Vt. Agric. Expt. Sta. Bull, 460, 3-22 (1940).

Olsen RV e Berger KC; Proc. Soil Sci. Soc. Amer., 11, 216-220 (1946).

Parks RQ; Soil Sci., 57, 405-416 (1944).

Dunklee DE e Midgley AR; Vt. Agric. Expt. Sta. Bull, 501, 21 (1943).

Lehr JJ; (Citado de Berger KC, 1949) Tese Utrecht. (1940).

Krugel C, Dreyspring C e Lötthammer R; Das Superphosphat, 13, 99-104 (1937).

Krugel C, Dreyspring C e Lotthammer R; Superfosfato, 11, 161-166 (1938).

Wilson C, Loworn RL e Woodhouse WW; Agron. J., 43, 363-367 (1951).

Singh SS e Kanwar JS; J. Indian Soc. Soil Sci., 11, 283-26 (1963).

Kanwar JS e Singh SS; Soil Sci., 92, 207-211 (1961).

Mair SS; "The Nature of Saline Alkali and Normal Soils of Sangrur District", M.Sc. Thesis, P.A.U., Hissar (1965).

Paliwal KV e Anjaneyulu BSR; J. Indian Soc. Soil Sci., 15, 103-106 (1967).

Nathani GP, Gupta VK e Shankaranarayana HS; J. Indian Soc. Soil Sci., 14, 235-239 (1966).

Schropp W e Scharrer K; Bodenk. PflErnahr., 5, 289-303 (1937).

Latimar LP; Proc. Amer. Soc. Hort. Sci., 38, 63-69 (1941).

Olsen, RV; (Citado por Berger KC, 1949) Tese Univ. of Wisc. 26-28 (1947).

Walker JC, Schroeder Wt e Kuntz JE; Better Crops, 28, 19-21, 49 -50 (1944).

DeTurk EE e Olson LC; Soil Sci., 52, 351-357 (1941).

Coleman R; Better Crops, 29, 18-20, 48-50 (1945).

Dawson JE e Gustafson AF; Proc. Soil Sci. Soc. Amer., 10, 14-149 (1946).

Dhawan CL e Dhand AD; Indian J. Agric. Sci., 20, 479-485 (1950).

Allen SC, Grunshaw HM, Parkmoon JA e Quarmby C; "Chemical Analysis of Ecological Materials", John Wiley, Nova Iorque (1974).

Bingham FT; "Trace Elements in the Environments", American Chemical Society, Washington D.C. (1973).

Frevert E; Chem. Abstr., 65, No. 136 (1966).

Deford DD e Braman RS; Anal. Chem. 30, 1765 (1958).

Engelmann C e Cabane G; Proc. Intern. Conf. On Modern Trends in

Activation Analysis, College Station, Texas (1965).

Ball JW, Thompson JM e Jenne EA; Anal. Chim. Ata, 98, 65-75 (1978).

Gladney ES, Jurney ET e Curtis DB; Anal. Chem., 48, 2139-2142 (1976).

Harrison WW e Prakash NJ; Anal. Chim. Ata, 49, 151 (1970).

Hayashi Y, Matsushita S, Kumamaru T e Yamamoto Y; Talanta, 20, 414 (1973).

Dughtrey EH e Harrison WW; Anal. Chim. Ata, 67, 253 (1973).

Carlson RM e Paul JL; Anal. Chem., 40, 1292 (1968).

Naftel, JA, Ind. Eng. Chem., Anal. Ed., 11, 407-409 (1939).

Berger, KC e Trough E; Ind. Eng. Chem., Anal. Ed., 11, 540-545 (1939).

Weinberg S, Proctor KL e Milner O; Ind. Eng. Chem., Anal Ed., 17, 419 422 (1945).

Ellis GH, Zook EG e Baudisch Oskar; Anal. Chem., 21, 1345 (1949).

Hatcher JT e Wilcox LV; Anal. Chem., 22, 567 (1950).

Vogel AI; "A Text Book of Quantitative Inorganic Analysis", 4th Ed, Longman Group Limited, Londres (1978).

Scott WW; "Standard Methods of Chemical Analysis", Longmans Green and Co. Ltd., Londres (1961).

Rose SD e Wilson DW; Spectrovision, 4, 10 (1961).

Hesse HR; "A Text Book of Soil Chemical Analysis", John Murray Ltd., Londres (1971).

Berger KC e Trough E; Soil Sci., 57, 31 (1944).

Dible WT, Berger KC e Troug E; Anal. Chem., 26, 418 (1954).

Bassett J e Matthews PJ; Analyst, 99, 1-11 (1974).

Hatcher JT e Wilcox LV; Anal. Chem., 22, 567-569 (1950).

Jackson ML; "Soil Chemical Analysis", Prentice-Hall of India, New Delhi (1973).

10.Burgess PS; Soil Sci, 14, 191-215 (1922).

11.Piper CS; "Soil and Plant Analysis", 2nd Ed, The University of Adelaide, Adelaide, Austrália (1944).

. Bassett J e Matthews P J; Analyst, 99, 1-11 (1974).

. Koppova A e Duchon F; Sbornik Ceskoslov. Akad.Zemedelske, 22, 58-64 (1949).

. Berger KC e Trough E; J. Am. Soc. Agron, 32, 297 (1940).

. Bendale J R, Narayana N e Kibe M M; Indian J. Agric.Sci., 20, 426 (1951).

. Iyer J G; "Trace Elements in Soils and Plants of Western India", Tese de Doutoramento, Universidade de Bombaim, Bombaim (1959).

. Sastry V V K e Viswanath B; Indian J. Agric. Sci., 16, 426 (1946).

. Mehta S C e Dakshinamurti C; Curr. Sci., 24, 409 (1955).

. Mandal S C, Ali MA e Mukherjee H N; J. Indian Soc. Soil Sci., 4, 79 (1956).

. Bhattacharjee J C; J. Indian Soc. Soil Sci;, 4, 161 (1956).

Gandhi S C e Mehta B V; J. Indian Soc. Soil Sci., 6, 95-102 (1958).

Richards L A; Ed., U.S.D.A., Handbook, 60 (1954).

.Reeve B, Prince A L e Bear F E, Bull. N. J. Agric. Exp. Sta., 709, 26 (1948).

Troug E; Soil Sci., 65, 1 (1948).

Jordan J V e Powers W L; Proc. Soil Sci. Soc. Amer., 11, 324 (1946).

Scott H D, Beasley S D e Thompson L F; Soil Sci. Soc. Amer. Proc., 39, 1116-1121 (1975).

.Troug E; "Soil as a Medium for Plant Growth", em "Mineral Nutrition of Plants", Madison University, Wisconson Press, 23-55 (1951).

Olson R V e Berger K C; Proc. Soil Sci. Soc. Amer., 11, 216 (1946).

Mathur C M, Moghe V B e Talati N P; J. Indian Soc. Soil Sci., 12, 319-324 (1964).

Patil J D e Shingte A M; J. Maharashtra Agric. Univ., 7, 216-218 (1982).

Ghani M O e Haque A K M F; Indian J. Agric. Sci., 15, 257 - 262 (1945).

Gandh S C e Mehta B V; Indian J. Agron, 2, 201-207 (1958).

Wide S A, Corey, R B, Iyer J G e Voight G K; "Soil and Plant Analysis for Tree Culture", Oxford and IBH Publishing Co., New Delhi, (1979).

Kanwar J S e Singh S S; Soil Sci., 92, 207-211 (1961).

Nair S S; Tese de Mestrado, P.A.U., Hissar (1965).

Berger K C e Troug E; Proc. Soil Sci. Amer., 10, 113 (1945).

.Ravikovitch S; Proc. Int. Sym. Desert Res., Jerusalém, 403-433 (1953).

Swaine D J; Commonwealth Bur. Soil Sci. Tech. Commun., 48, 157 (1955).

Mitchell R L; A.C.S. Monograph, 125, 253-285 (1955).

Paliwal K V e Anjaneyulu B S R; J. Indian Soc. Soil Sci., 15, 103-106 (1967).

Nathani G P, Gupta V K e Shankarnaryana H S; J. Indian Soc. Soil Sci., 14, 235-239 (1966).

Rawat P S e Mathpal K N; J. Indian Soc. Soil Sci., 29,208 - 214 (1981).

Moghe V B e Mathur C M; Soil Sci. and Pl. Nutrn., 12, 11-14 (1966).

Basar B L e Saxena S N; J. Indian Soc. Soil Sci., 15, 135-140 (1967).

Nathani G P, Qamor-Uzzamma e Shankarnarayana H S; J. Indian Soc. Soil Sci., 17, 59-62 (1969).

Grewal j s. Randhawa N S e Bhumbla D R; J. Indian Soc. Soil Sci., 17, 2732 (1969).

Ramamoorthy B e Viswanath B; Indian J. Agric. Sci., 16, 420-426 (1946).

Singh S e Singh B; J. Indian Soc. Soil Sci., 15, 17-22 (1967).

Thompson L M; "Soils and Soil Fertility", McGraw Hll Book Company, Inc., New Delhi, 339 (1952).

Eaton F M e Wilcox L V; U.S. Dept. Agric. Tech. Bull, 696, 1-57 (1939).

.Satyanarayana Y; J. Indian Soc. Soil Sci., 6, 223-226 (1958).

Printed by Books on Demand GmbH, Norderstedt / Germany